Hans Vockenhuber

ZEITBOMBE Ozon

Herausgegeben von GLOBAL 2000

Unter Mitarbeit von
pro & co
und
Club of Ozone

Wien · München · Zürich
Orac

ISBN 3-7015-0280-3

Herausgeber: Global 2000, Hahngasse 15/14, A-1090 Wien
Lektorat: Isolde Lettenbichler
Gestaltung des Schutzumschlags: Gerti Gnan unter Verwendung
eines Fotos der Zefa Farbbildagentur, Düsseldorf
Repros: Beissner & Co., Wien
Satz: inter-letter, Wien
Druck und Bindung: Wiener Verlag, Himberg bei Wien

Inhaltsverzeichnis

Vorwort 9

Der ganz normale Wahnsinn — ein Neuseeländer erzählt 11
Ständige Überforderungen 13

Erdatmosphäre, Ozon und grundlegende Kreisläufe 17

Die Atmosphäre — der Gasmantel der Erde 19
Zusammensetzung der Erdatmosphäre 19
Die vertikale Gliederung der Atmosphäre 20

Ozon — ein Schutzmantel aus der Urzeit 24
Entstehung des Ozons 24
Der Schutz der Erdatmosphäre vor UV-Strahlung 25

Labile Gleichgewichte 28
Der Kohlendioxid-Zyklus 28
Der Ozon-Zyklus 29

Pendelschläge der Natur und der Einfluß des Menschen 31
Zusammenfassung 34

Das Ozon in der Stratosphäre 37

Die Sonnenbrille der Erde — eine dünne Haut 39
Ozon im Modell 39
Ein kurzer Abstecher in die Photochemie 40
Der natürliche Ozonkreislauf 42
Katalytische Ozonabbaureaktionen 45
Radikale der Wasserstoffamilie 48
Radikale der Stickstoffamilie 49
Radikale der Chlorfamilie 49
Radikale der Bromfamilie 51

Zerstörungspotentiale ... 52
Zusammenfassung ... 54

Wie kommt das Chlor in die Luft? ... 56
FCKW — Stoffe mit fast idealen Eigenschaften ... 56
Vom Kältemittel zum universellen Einsatz ... 58
Der Nummerncode für FCKW und Halone ... 60
Prinzip der Herstellung von FCKW ... 63
Anwendungsbeispiele und mögliche Alternativen ... 64
Aerosole ... 64
Löse- und Reinigungsmittel ... 65
Kunststoffverschäumung ... 66
Kältemittel ... 67
Zusammenfassung ... 71

Ozonschädigende Verbindungen ohne Chlor oder Brom ... 73
Distickstoffoxid oder Lachgas (N_2O) ... 73
Methan (CH_4) ... 73
Aerosole und Staub ... 74

Spurengase und Treibhauseffekt ... 75
Natürlicher und künstlicher Treibhauseffekt ... 75
Auswirkungen des Treibhauseffektes ... 78
Zusammenfassung ... 81

Ozonzerstörung in der gesamten Stratosphäre ... 83
Das antarktische Ozonloch ... 84
Die Tatsachen ... 86
Erklärungsversuche ... 86
Die Situation über dem Nordpol ... 91
Also alles in Ordnung? ... 91
Auswirkungen der Ozonzerstörung in der Stratosphäre ... 92
Zusammenfassung ... 94
Gefährdung durch Ultraviolettstrahlung ... 95
Gefährdung des Menschen ... 96
Schäden an Pflanzen ... 99
Schäden am Plankton des Meeres ... 100
Zusammenfassung ... 101

Versäumte Gelegenheiten und internationale Reaktionen 103
Ein Lehrstück industrieller Denkungsart 103
Die Situation in den Entwicklungsländern 105
Ozon auf dem politischen Parkett 107
Das Abkommen von Wien 108
Das Protokoll von Montreal 108
Das Protokoll von London 109
Die Konferenz von Nairobi 111
Prognosen 111
Konsequenzen aus den Szenarios 117
Termine für den Ausstieg aus den FCKW und Halonen 119
Europäische Gemeinschaft 119
Bundesrepublik Deutschland 121
Österreich 122
Schweiz 124
Aktueller Standpunkt der Industrie zur FCKW-Diskussion 126
Zusammenfassung 128

Das Ozon in der Troposphäre 139

Das bodennahe Ozon 141
Die zwei verschiedenen Wirkungsweisen der Stickoxide 141
Die Rolle des OH-Radikals 143
Bildung von Reservoirstoffen 144
Zusammenfassung 144
Verschiedene Belastungsräume 145
Wetterbedingungen für photochemische Reaktionen 148
Episoden der Ozonbildung 150
Ozonbelastung der unteren Troposphäre in Europa 151
Zusammenfassung 153

Schäden durch bodennahes Ozon 155
Der Mensch 155
Zusammenfassung 157
Schäden an der Vegetation 158
Zusammenfassung 159
Auswirkungen auf das Klima 159

Gesetzliche Regelungen gegen bodennahes Ozon ... 161
Österreich, Bundesrepublik Deutschland und die Schweiz ... 161
Österreich ... 161
Bundesrepublik Deutschland ... 164
Schweiz ... 164
Kritik an den bestehenden Regelungen ... 164

Ratschläge — Was ist zu tun? ... 167

Verschiedene Anwendungsbereiche ... 170
Spraydosen ... 170
Schaumstoffe ... 171
Haushaltskühlschränke ... 171
Klimaanlagen und Feuerlöscher ... 172
Reinigungs- und Lösemittel ... 172

Schutz vor dem UV-Licht ... 174
Die Schäden durch Sonneneinwirkung ... 175
Tips für den richtigen Umgang mit der Sonne ... 176
Das Problem Sonnenschutzcreme ... 177
Zusammenfassung ... 178

Was tun gegen das bodennahe, »böse« Ozon? ... 179
Der Kampf gegen die Vorläufersubstanzen ... 179
Tips für den Aufenthalt in ozonbelasteter Luft ... 180

Glossar ... 183

Literatur ... 189

Adreßliste für nähere Informationen ... 191

Stichwortverzeichnis ... 193

Bildquellenverzeichnis ... 197

Vorwort

Ziel dieses Buches ist es, Verständnis zu wecken für einen Teil der vielfältigen Veränderungen, die wir durch unsere Aktivitäten hervorrufen. Die Erforschung der Atmosphäre ist ein relativ junger Zweig der Wissenschaft, und die chemischen Vorgänge in der Luft um uns und über uns sind zum Teil noch immer nicht ganz durchschaut. Das kann aber keine Rechtfertigung dafür sein, daß wir bedenkenlos in diesen Chemismus eingreifen, denn dazu wissen wir schon zu viel und dazu haben wir schon zu viele Zeichen der Veränderung vor Augen.

Der Leser dieses Buches soll in die Lage versetzt werden, sowohl das Gleichgewicht von Ozonentstehung und Ozonabbau als auch die Folgen von Störungen dieses Gleichgewichtes zu verstehen. Auf dem Weg dahin läßt es sich nicht vermeiden, daß komplizierte Zusammenhänge und Reaktionsketten beschrieben werden müssen, daß Formeln, Grafiken und Tabellen benötigt werden, daß mit ungewohnten Maßeinheiten wie ppm, ppb, ppt operiert werden muß. Diese Anstrengung wird aber damit belohnt, daß einem dann in der Ozondiskussion nicht mehr so leicht ein X für ein U vorgemacht werden kann.

Dieses Buch hätte so nicht geschrieben werden können, ohne die wohlwollenden Ratschläge von Professor Dipl.-Ing. Anton Krapfenbauer von der Universität für Bodenkultur in Wien und ohne die Mithilfe des Herausgebers Global 2000. Dafür sei an dieser Stelle gedankt.

Der ganz normale Wahnsinn – ein Neuseeländer erzählt

Rainer Hofmann, ein Mitarbeiter von *Global 2000,* ist permanent resident von Neuseeland, er hat eine unbeschränkte Aufenthaltsgenehmigung und lebt dort immer wieder für längere Zeit. Seine Beobachtungen könnten als Vorschau darauf dienen, was uns in naher Zukunft bevorsteht.

Die Ausgangssituation ist so, daß über Neuseeland und Australien die Ozonschicht um etwa 15 Prozent mehr abgenommen hat als über Europa. Das ergibt eine Zunahme der UV-B-Strahlung um etwa 30 Prozent. Da aber über diesen Gebieten die Luft wesentlich reiner ist als in unserer Industriewelt (die Schadstoffe halten auch UV-B-Licht ab), ist die UV-Belastung dort um etwa 50 Prozent höher als bei uns.

Was uns noch als Wahnsinn erscheint, ist in Neuseeland, unter der dünner gewordenen Ozonschicht, bereits zur täglichen Routine geworden.

In der abendlichen Wettervorschau im Fernsehen wird, ohne weiteren Kommentar, ein Insert gezeigt, das jene Zeit angibt, die ein Mensch am folgenden Tag ungeschützt – vor allem während der Mittagsstunden – im Freien verbringen darf. Nur im Winter wird auf diesen Hinweis verzichtet. Will oder muß jemand länger im Freien sein, sollte das nicht ohne Schutz geschehen, durch Schutzcremes, breitkrempige Hüte, Sonnenbrillen und Kleidung, die möglichst wenige Hautpartien unbedeckt läßt. Als *Burntime,* als Zeit des Brennens, wird diese Zeitspanne gerade noch tolerierbaren Risikos drastisch, aber treffend bezeichnet. Diese Burntime beträgt oft auch nur eine Viertelstunde, und die Leute halten sich streng daran. Die Schüler tragen zu ihren Schuluniformen sogenannte Legionärskappen, das sind Kappen mit einem angenähten Tuch im Nackenbereich. Shorts verschwinden aus dem Straßenbild, auch bei großer Hitze werden lange Hosen bevorzugt.

Die Sonnenschutzcreme mit Lichtschutzfaktor bis zu 45 (!) gehört zu den Gütern des täglichen Bedarfes. Leute, die länger im Freien sein müssen, etwa Farmer, tun das nur mit einer dicken, undurchlässigen Schicht von Schutzcreme auf ihrer Haut. Wie Rainer Hofmann schildert, leben die Menschen dort unter einem Bann. Man redet im privaten Kreis wenig darüber und wenn, dann in einer Art des britischen Understatements. Jedoch, die Leute haben Angst, es könnte auch sie erwischen. Nur ist es nicht üblich, die Angst offen zu zeigen. Man stellt sich eben auf die Situation ein.

Die hohe Zahl an Krankheitsfällen hat zu dieser Änderung im Verhalten der Bevölkerung geführt. In Neuseeland und in Australien ist die Zahl der Hautkrebserkrankungen sprunghaft gestiegen. So erkranken in Australien jährlich 140.000 der 17 Millionen Einwohner an Hautkrebs, und an die 1.000 Menschen in Australien sterben jährlich an den Folgen von Hautkrebs. Jeder hat in seinem Bekanntenkreis jemanden, der an Hautkrebs erkrankt ist. Wenn Veränderungen an der Haut beobachtet werden, geht man sofort zum Chirurgen und läßt sich die Veränderung wegschneiden. Die neuseeländische Krebsgesellschaft stellte fest, daß zwei von drei Bewohnern Neuseelands im Laufe ihres Lebens Hautkrebs entwickeln. Und diese Tatsachen sind inzwischen in das »normale« Leben integriert, ohne viel Diskussion. In Supermärkten findet man Kojen, die mit einem Arzt besetzt sind, der die Leute kostenlos und quasi als zusätzliches Service beim täglichen Einkauf auf Symptome von Hautkrebs untersucht. Gesundheitsvorsorge und Forschung haben sich auf diese Situation eingestellt. Mit den Mitteln der Werbung, auf Plakaten, in Zeitungsinseraten und in Fernsehspots wird auf Verhaltensmaßregeln, auf Frühsymptome und auf Behandlungsmethoden hingewiesen.

Eine Abnahme der Ozonschicht von sechs bis zehn Prozent über unseren Köpfen hier in Mitteleuropa und auf der gesamten Nordhemisphäre steht uns auf jeden Fall bevor, das zeigen alle Berechnungen. Wie sich das gesundheitlich und gesellschaftlich auswirkt, kann man schon jetzt in Neuseeland und in Australien studieren. Ganz abgesehen davon, wie die übrige Natur den zusätzlichen UV-Streß bewältigen wird.

Ständige Überforderungen

Es ist also klar: Mit den anthropogenen, den von Menschen erzeugten Umweltproblemen schaffen wir uns ständig und in jedem Einzelbereich unerträgliche Überforderungen. Alle, Politiker, Regierungen und auch die Wissenschaftler, sind allein schon mit der Problematik der Atommüllentsorgung überfordert, ebenso mit der Verseuchung des Grundwassers, mit chemischen Altlasten auf Industriegrundstücken und unkontrollierten Deponien, mit den kommenden Auswirkungen des Treibhauseffektes und schließlich, damit zusammenhängend, mit der Zerstörung der hauchdünnen Ozonschicht, die auf Jahre hinaus noch reißen wird, selbst wenn wir schon die Konsequenzen gezogen haben werden und keine Chemikalien mehr herstellen, die das Gleichgewicht der Atmosphäre nachhaltig stören. Die Verweildauer ozonzerstörender Chemikalien, die wir freigesetzt haben und noch immer freisetzen, liegt oft im Bereich der durchschnittlichen »Verweildauer« eines Menschen auf der Erde, gelegentlich sogar noch höher.

Wir haben allesamt das richtige Augenmaß noch nicht erworben. Wir tun so, als hingen unser Glück und unsere Zukunft von aufgeschäumten Autositzen oder Lenkrädern ab, von bequemen Spraydosen oder von Reinigungstechniken in der Elektronikindustrie. Forscherdrang und Innovationsgeist beschäftigen sich noch immer hauptsächlich mit der Erfindung neuer Produkte, die wir in der gesamten Menschheitsentwicklung bisher keineswegs vermißt haben, mit militärischen Konzepten und mit dem Erkennen von Marktlücken, die durch intensive Manipulation der Massen erst erzeugt werden.

Wenn erst einmal großflächig, für längere Zeit über dicht besiedeltem Gebiet, auch das kurzwellige UV-Licht bis zur Erdoberfläche durchdringen kann, schlägt unsere Lebensweise um.

Niemand mag sich vorstellen, was es heißen wird, die Sonne, immer als Lebensspenderin besungen, als Feind zu betrachten. Ein Tageskontingent von nur wenigen ungeschützten Minuten im Sonnenlicht muß genau kalkuliert werden, Vorgriffe auf künftige Tage sind gefährlich, »Sonnenstundenkredit« mit hohem Risiko belastet. Wenn Bräune überhaupt noch erwünscht ist, dann kann sie nur im Bräunungsstudio unter genau kontrollierten Bedingungen erworben werden. Unsere frische Luft holen wir uns unter breitkrempigen Hüten, hinter dunklen Augengläsern und mit Schichten von Sonnenschutzcremes auf der Haut. Luft, Licht und Sonne, bisher Synonyme für körperliche Gesundheit und seelisches Wohlbefinden, werden ihr gesellschaftliches und medizinisches Ansehen verlieren. Unser Freizeitverhalten wird sich nicht mehr nach Lust und Laune richten, und die Freizeitindustrie wird grobe Umstellungen hinzunehmen haben. Den Kindern wird Stubenhocken zur Pflicht.

Zahlreiche Tier- und Pflanzenarten im Wasser und auf dem Land werden es nicht überleben, vermehrt dem UV-Licht ausgesetzt zu sein. Wenn uns das pflanzliche Plankton im Meer, der Anfang einer langen Nahrungskette, nicht mehr das Kohlendioxid aus der Luft holen kann, wird sich die Spirale des Treibhauseffektes um einige Touren schneller drehen. Eine merkliche Abnahme der Algenpopulation und des Phytoplanktons verknappt den Beginn der maritimen Nahrungskette für viele Tierarten, die dann ebenfalls in ihrem Bestand gefährdet sind und die, besonders für die Dritte Welt, eine der wichtigsten Nahrungsgrundlagen bedeuten. Die Lebensmittelversorgung der Menschen wird durch Ernteeinbußen und Dezimierung des Tierbestandes unmittelbar schwieriger werden. Dabei hungern derzeit schon zwei Drittel der Menschheit!

Das alles wissen wir schon seit Jahren, wir wollen es bloß nicht wahrhaben. Jetzt, wo die Ozonschicht auch über der Nordhalbkugel dünner zu werden beginnt, jetzt, wo auch wir im reichen Norden, die wir nahezu das gesamte Chemiepotential zur Zerstörung dieser Schutzhaut bereitgestellt und verwendet haben, den »Platz an der Sonne« meiden müssen, auf den wir in arroganter Weise Anspruch erhoben haben, jetzt scheint sich auch politisch, geopolitisch etwas zu tun. Gespräche vorerst noch, Ankündigungen und Beschlüsse für die kommenden Jahre, halbherzig, hinter den technischen und wirtschaftlichen Möglichkeiten nachhinkend, immer mit Blick auf das Budget, voll Angst vor kurzzeitigen wirtschaftlichen Folgen und vor dem Unverstand der »großen Masse«, die man lange unwissend gehalten hat. Hinhaltetaktiken wird es geben, Rückzugsgefechte, Scheinargumente und Warten auf besser abgesicherte wissenschaftliche Ergebnisse und Alternativen, dazu noch die Krisengewinner, die mit Scheinlösungen ordentlich Lizenzgebühren einstreifen. Doch der Druck der Tatsachen, die normative Kraft der Fakten, wird Zaudern und Zögern, Bilanzzahlen und

Wählerstromanalysen von der Prioritätenliste verdrängen. Allerdings – die Zeit arbeitet gegen uns.
Ähnliche ökologische Zwänge wie bei der Zerstörung der Ozonschicht werden wir beim bodennahen Ozon zu gewärtigen haben. Eine kurze Zeit noch wird sich die Politik damit behelfen können, die Grenzwerte immer wieder etwas höher anzusetzen, um nicht wirklich ernsthafte Maßnahmen ergreifen zu müssen. Studien mit bedenklichen Ergebnissen werden noch immer unter Verschluß gehalten und wie Geheimdokumente behandelt. Doch die besonders ozonempfindlichen Kulturpflanzen und der Wald werden darauf nicht Rücksicht nehmen. Auch hier ist mit Ernteausfällen und schweren Vegetationsschäden zu rechnen. Und wenn die Erkrankungen der kindlichen Atemwege zum alltäglichen Ereignis werden, begreifen wir vielleicht, was uns wichtiger ist: der Verbrauch von Energie in Verbrennungsprozessen als Indikator für den Wohlstand oder die Gesundheit der Menschen als Indikator für das Wohlbefinden. Die Rechnung, die wir alle zu bezahlen haben, ist einfach: Die Schnelligkeit, mit der wir zur Vernunft kommen, ist umgekehrt proportional zu dem Unbill, dem wir entgegensehen.

Erdatmosphäre, Ozon und grundlegende Kreisläufe

Die Atmosphäre – der Gasmantel der Erde

Zusammensetzung der Erdatmosphäre

Unter den Planeten unseres Sonnensystems nimmt die Erde mit ihrer Atmosphäre eine Sonderstellung ein. Während die Atmosphären der Nachbarplaneten Venus und Mars fast nur aus Kohlendioxid bestehen, setzt sich unsere Atmosphäre gänzlich anders zusammen: Die Hauptkomponenten bilden mit 78 Prozent Stickstoff (N_2), mit 21 Prozent Sauerstoff (O_2) und mit 0,95 Prozent Argon (Ar). Die restlichen Gase sind Wasserdampf und verschiedene Spurengase, unter ihnen das Kohlendioxid (CO_2), dessen derzeitiger Anteil in der Erdatmosphäre mit 0,0345 Prozent gering erscheint, für die Verhältnisse auf der Erde jedoch hoch ist.

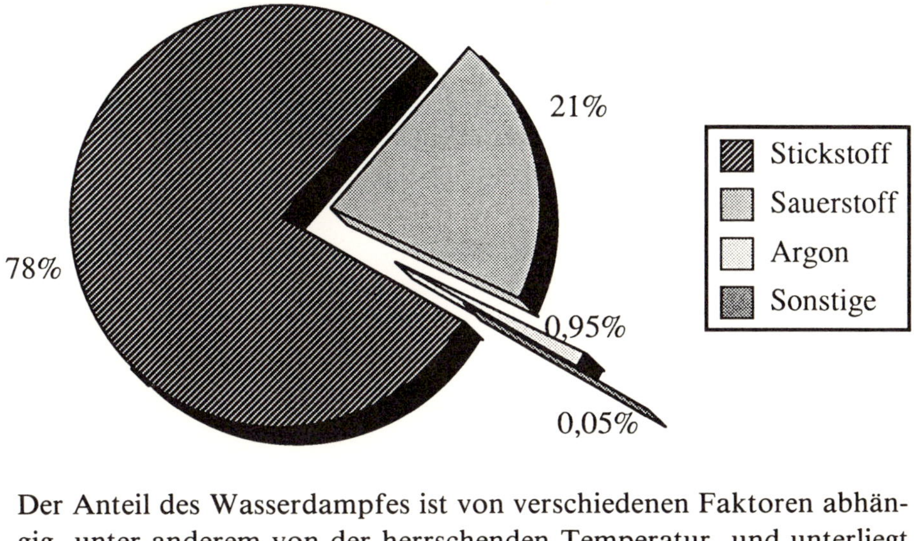

Der Anteil des Wasserdampfes ist von verschiedenen Faktoren abhängig, unter anderem von der herrschenden Temperatur, und unterliegt großen Schwankungen.

Spurengase, so verschwindend gering ihre Konzentration auch sein

mag, haben einen entscheidenden Einfluß auf viele chemisch-physikalische Prozesse in unserer Atmosphäre; so auch auf jene Prozesse, die unser Klima mitbestimmen und das Leben auf der Erde, so wie wir es heute kennen, erst möglich machen.
Das für uns so wichtige Ozon in der Stratosphäre, ein weiteres Spurengas, ist in noch geringeren Konzentrationen als das Kohlendioxid vorhanden: im *ppm-Bereich* (= parts per million). Eine Konzentrationsangabe von ein ppm bedeutet, daß sich unter einer Million Luftteilchen nur ein Ozonmolekül befindet. In Erdnähe sinkt die natürliche Ozonkonzentration in den *ppb-Bereich* (= parts per billion). Von ein ppb spricht man, wenn ein Molekül eines bestimmten Stoffes auf eine Milliarde Moleküle aus der Umgebung kommt.

Die vertikale Gliederung der Atmosphäre

Da sich mit zunehmender Entfernung vom Erdboden einige physikalische Eigenschaften der Luft, wie Druck, Temperatur und spezifisches Gewicht, ändern, erhält der Gasmantel der Erde sozusagen eine vertikale Gliederung. Hierzu wird vor allem die Art der Temperaturänderung zur Definition der unterschiedlichen Atmosphärenbereiche herangezogen *(thermische Struktur der Atmosphäre)*.
Die unterste Schicht heißt *Troposphäre* und reicht bis etwa zehn Kilometer Höhe. Hier ist der Hauptteil der Gesamtmasse der Atmosphäre konzentriert, zwischen 75 und 90 Prozent. Die Temperatur nimmt in diesem Bereich pro Kilometer Höhe um durchschnittlich 6,5 °C ab, so daß sie im Grenzbereich zur anschließenden Stratosphäre nur noch etwa –60 °C beträgt. Aufgrund dieses starken Temperaturgefälles ist in der Troposphäre eine ständige vertikale Durchmischung der Luftmassen zwischen oben und unten gegeben: Die kälteren, schwereren Luftschichten sinken zu Boden, die erwärmten Luftschichten steigen wieder auf.
Das von uns als Wetter wahrgenommene atmosphärische Geschehen, wie Wolkenbildung und Niederschläge, spielt sich ebenfalls in der Troposphäre ab. Dort eingebrachte Aerosole und Spurengase werden vor allem durch Auswaschen bei Regen, Schneefall, Nebel (*nasse Deposi-*

tion) oder durch direkte Anlagerungen an Erde, Pflanzen, Wasseroberfläche (*trockene Deposition*) beseitigt.

In etwa zehn Kilometer Höhe kommt die Temperaturabnahme zum Stillstand. Diese Grenze wird *Tropopause* genannt, verläuft jedoch keineswegs gleichmäßig oder in immer gleicher Höhe über der Troposphäre: Ihre Höhe variiert mit der geographischen Breite und beträgt über den Polen beispielsweise nur acht Kilometer, über den Tropen aber 16 Kilometer. In unseren Breiten beträgt die Höhe der Tropopause im Mittel zehn bis elf Kilometer.

Die anschließende *Stratosphäre* reicht von zehn bis 50 Kilometer Höhe. Hier nimmt, im Gegensatz zur Troposphäre, die Temperatur mit steigender Höhe zu und erreicht in 50 Kilometer Höhe ein Maximum von etwa 0 °C. Dieser Temperaturanstieg verläuft aber nicht gleichmäßig. Im unteren Teil, der kalten Stratosphäre, bleibt die Temperatur relativ konstant, sie liegt um −60 °C. Erst im oberen Teil, der warmen Stratosphäre, steigt die Temperatur an. Aufgrund dieses umgekehrten Temperaturgefälles erfolgt der Austausch der Luftmassen zwischen oben und unten im Bereich der Stratosphäre wesentlich langsamer als in der Troposphäre: Die kälteren Luftschichten bleiben unter den wärmeren.

Auch Reinigungsmechanismen wie in der Troposphäre sind in der Stratosphäre nicht möglich. Hier erfolgt die Beseitigung von Spurenstoffen durch chemische Umwandlung und anschließenden Transport dieser Umwandlungsprodukte in die Troposphäre, die somit als eine Art Auffangbecken (= Senke) für diese Stoffe dient.

Die Null-Grad-Grenze, *Stratopause* genannt, bildet schließlich den Übergang zur *Mesosphäre*, die bis in etwa 80 Kilometer Höhe reicht und in der die Temperatur wiederum, wie in der Troposphäre, mit der Höhe sinkt.

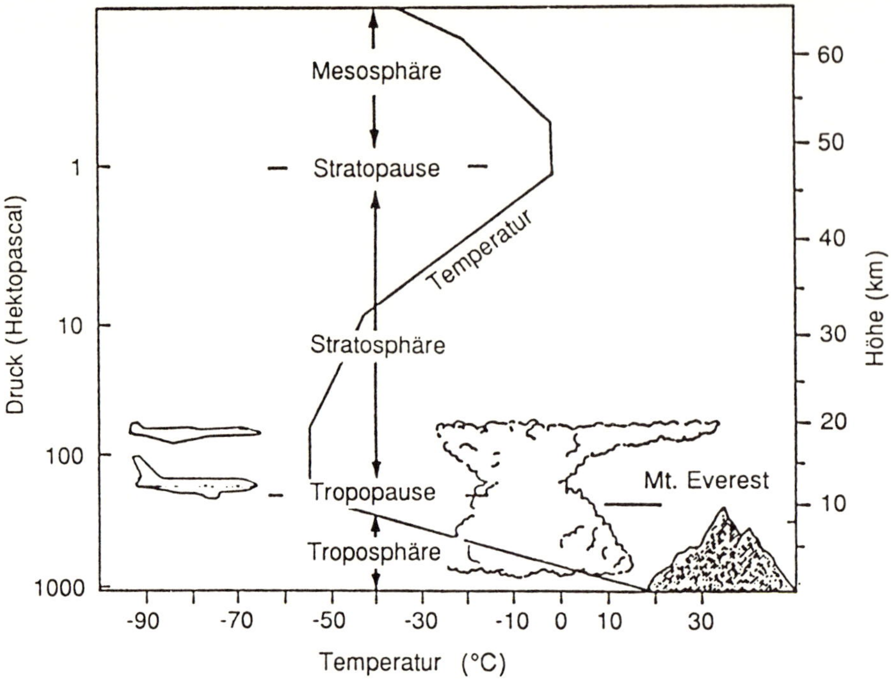

Die vertikale Struktur der Atmosphäre

Der Austausch zwischen Troposphäre und Stratosphäre findet hauptsächlich über den gemäßigten Zonen und über dem Äquatorbereich statt. Über den gemäßigten Zonen, also zwischen dem 30. und 60. Breitengrad, bildet die Tropopause nämlich »Falten«, Wellen und sogenannte »Tropfen«. Bei hochreichenden Zyklonen (Wirbelwinden) bilden sich Blasen aus der Stratosphäre, die tief in die Troposphäre hineinreichen können, schließlich abgeschnürt werden und auf diese Art stratosphärische Luft, die sehr ozonreich ist, in die Troposphäre transportieren. Für den Ozonhaushalt insgesamt hat dieser Austausch nur geringe unmittelbare Bedeutung, wichtig ist dieser Austausch aber für die Verfrachtung ozonschädigender Substanzen in die Stratosphäre. Bis vor 15 Jahren glaubte man, das bodennahe Ozon stamme hauptsächlich aus der Stratosphäre, zum Teil auch von elektrischen Entladungen bei Gewittern. Heute weiß man, daß das bodennahe Ozon vor allem aus von Menschen erzeugten Luftverunreinigungen stammt. Sowohl der Nord- als auch der Südhemisphäre sind sehr dynamische bodennahe Luftzirkulationen eigen, so daß eine Verteilung von Spurenstoffen um den gesamten Erdball möglich ist. Daneben spielt die planetarische Ringströmung in Höhen über 5.000 Meter eine Rolle. Der Austausch zwischen Troposphäre und Stratosphäre geht hingegen, wie schon erwähnt, sehr langsam vor sich. Daher können 10 bis 15 Jahre vergehen, bis auf der Erde emittierte Gase in die Stratosphäre gelangen.

Die einzelnen Sphären bilden relativ geschlossene Systeme, zwischen denen ein Gasaustausch nur langsam möglich ist. Durch heftige vertikale Luftbewegungen werden Schadstoffe innerhalb von Monaten über den gesamten Globus verteilt. Die Kurve in der Stratosphäre zeigt zusätzlich das Profil für die Ozonverteilung.

Ozon – ein Schutzmantel aus der Urzeit

Entstehung des Ozons

Als vor viereinhalb Milliarden Jahren mineralisches Material zusammenklumpte und so unsere Erde entstand, hüllte sich dieser Materieklumpen in eine undurchsichtige Gashülle. Es waren dies Ausgasungen aus der abkühlenden Materie: Kohlendioxid, Wasserdampf und Methan. Innerhalb einer weiteren Milliarde von Jahren kühlte die Erde soweit ab, daß der Wasserdampf kondensieren konnte und riesige Ozeane bildete. Die Atmosphäre wurde für Sonnenstrahlen durchlässig. Im Wasser der Ozeane bildeten sich die ersten Bausteine lebender Materie, Proteinketten und Aminosäuren. Unter der Einwirkung des energiereichen ultravioletten Lichtes der Sonne begann sich die Atmosphäre zu ändern. Wassermoleküle wurden in ihre Atome gespalten, so daß Wasserstoffatome und Sauerstoffatome entstanden. Auch das reichlich vorhandene Kohlendioxid wurde in seine Bestandteile Kohlenstoff und Sauerstoff zerlegt:

$$H_2O + h\nu \rightarrow H\cdot + H\cdot + O$$
$$CO_2 + h\nu \rightarrow C + O + O$$

$h\nu$ = energiereiche Strahlung

Diese nun frei gewordenen Sauerstoffatome konnten sich aneinander lagern und so molekularen Sauerstoff O_2 und Ozon O_3 bilden:

$$O + O \rightarrow O_2$$
$$O_2 + O + M \rightarrow O_3 + M$$

M = irgendein anderes Molekül, das als Stoßpartner dient und überschüssige Energie aufnimmt

Das Ozon war es vor allem, das in der Folge die Einstrahlung des ultravioletten Teiles des Sonnenlichtes auf die Erdoberfläche behinderte. Nur dadurch wurde es dem Leben möglich, sich vom Wasser ausge-

hend auch auf das Land auszubreiten. Diese Entwicklung war Voraussetzung für die pflanzliche und tierische Evolution, die drei Milliarden Jahre später die Vorfahren des homo sapiens hervorbrachte. »Seit den ersten Hominiden sind das menschliche Leben und das Ozon eng miteinander verknüpft«, schreibt der bedeutende Klimaforscher Gérard Mégie in seinem Buch: Ozon – Atmosphäre aus dem Gleichgewicht. »Heute könnte es sich darum handeln, die Richtung nicht umzukehren.«
Auch die vergleichsweise hohen Temperaturen in der Stratosphäre sind eine direkte Folge der Ozonbildung und der UV-Filterwirkung des Ozons.

Der Schutz der Erdatmosphäre vor UV-Strahlung

Der uns im folgenden interessierende Teil des Licht-Spektrums besteht aus den Bereichen Ultraviolett, Sichtbar und Infrarot. In der aufgezählten Reihenfolge nimmt die Wellenlänge des Lichtes zu, das heißt aber, die Energie wird geringer. Somit ist das ultraviolette Licht also für den Menschen das gefährlichere; der ultraviolette Bereich wird weiters in den UV-A-, UV-B- und UV-C-Bereich unterteilt.
Die folgende Auflistung zeigt die Bereiche mit den entsprechenden Wellenlängen (ein Nanometer = 1 nm = 0,000 000 001 m):

UV-C-Strahlung	200 nm – 280 nm	kleine Wellenlänge,
UV-B-Strahlung	280 nm – 320 nm	hohe Energie
UV-A-Strahlung	320 nm – 400 nm	
sichtbarer Bereich	→ 400 nm (violett) → 760 nm (rot)	
infraroter Bereich	760 nm – 1 mm (1 000 000 nm)	große Wellenlänge, geringe Energie

Beim Durchgang des Sonnenlichtes durch die Atmosphäre werden die einzelnen Strahlungsbereiche nun unterschiedlich stark absorbiert (verschluckt), je nachdem welche Stoffe sich in dem betrachteten Teil der Atmosphäre befinden. So unterscheidet sich die Zusammensetzung des Sonnenlichtes (des Sonnenspektrums) je nach betrachteter Höhe.

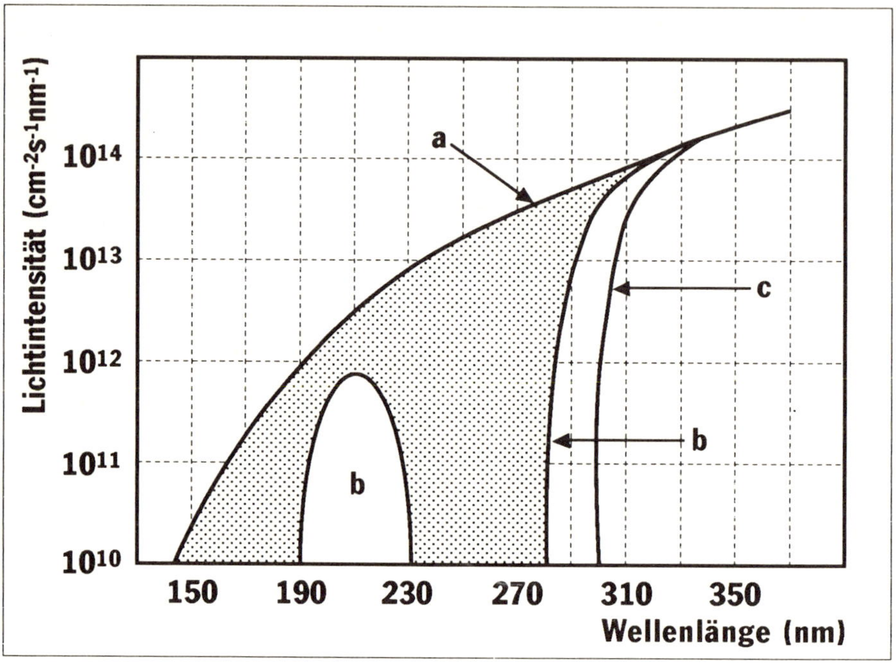

Eingestrahlte Sonnenenergie (Lichtintensität) im UV-Strahlungsbereich
a: außerhalb der Erdatmosphäre
b: in 30 km Höhe
c: an der Erdoberfläche
nach: Enquete-Kommission, siehe Literaturverzeichnis

Einen ganz entscheidenden Einfluß auf das Ausblenden verschiedener Bereiche des Sonnenlichtes haben molekularer Sauerstoff (O_2) und Ozon (O_3). So wird Licht, dessen Wellenlänge kleiner als 240 nm ist, von molekularem Sauerstoff verschluckt (absorbiert). Dieses Absorbieren von Licht entspricht einer Aufnahme von Energie, das Molekül gerät in immer stärkere Bewegung (Schwingungen), bis es schließlich in die Atome zerfällt. Wie wir noch sehen werden, sind es jene Sauerstoffatome, die dann wiederum durch Anlagerung an molekularen Sauerstoff Ozon bilden können.

Ozon ist ein weiteres Molekül, das in der Lage ist, für uns schädliche Teile des Sonnenspektrums abzufangen. Die Fähigkeit des Ozons, Licht zu absorbieren, liegt in einem Wellenlängenbereich zwischen 200 und 310 nm, wobei es die höchste Wirkung bei einer Wellenlänge von 280 nm erreicht (Krapfenbauer, Ozonzerstörung und UV-B-Strahlung, Wien 1992). Es ergibt sich somit ein »Fenster« zwischen jenem Bereich, in dem Sauerstoff Licht absorbiert, und jenem, in dem Ozon die größte Wirkung hat. Dieses Fenster liegt zwischen 240 und 280 nm; es wird uns bei der Erklärung des Ozonloches über der Antarktis wieder begegnen.
Die Absorptionsfähigkeit des Ozons nimmt dann mit zunehmender Wellenlänge weiter ab. Wird nun die Ozonschicht dünner, kommt auch verstärkt Licht im Bereich zwischen 280 und 320 nm bis zur Erdoberfläche durch, also genau jenes Licht, das der gefährlichen UV-B-Strahlung entspricht.

Labile Gleichgewichte

Zwischen den wesentlichen Bestandteilen unserer Umwelt, der pflanzlichen und tierischen Biosphäre, der festen Erdoberfläche, den Ozeanen und der Atmosphäre, finden ständig Austauschprozesse und Kreisläufe statt, die sich immer wieder auf einen Gleichgewichtszustand einpendeln. Wird ein Teil verändert, hat das auf Dauer Einfluß auf alle anderen Teile. Die Kreisläufe von Energie und Materie sind zum Teil gut bekannt, wie etwa der Kreislauf des Wassers von der Verdunstung über Wolkenbildung, Niederschlag und Rückfluß ins Meer. Ohne diese Kreisläufe gäbe es kein Leben auf der Erde.

Der Kohlendioxid-Zyklus

Wie bereits erwähnt, besteht unsere Erdatmosphäre zu 0,0345 Prozent aus Kohlendioxid, oder anders ausgedrückt: Auf eine Million Luftmoleküle kommen derzeit durchschnittlich 345 Kohlendioxidmoleküle (345 ppm). Das ist auf den ersten Blick und in absoluten Zahlen gemessen eine geringe Menge. Tatsächlich ist dies aber der höchste Wert, der erdgeschichtlich seit Bestehen des Lebens bekannt ist! Doch ohne dieses Spurengas wären die Ozeane gefrorene Eiswüsten. Warum?

Die Temperatur der Erdoberfläche wird durch das Gleichgewicht zwischen der von der Sonne eingestrahlten und der von der Erde wieder abgestrahlten Energie bestimmt. Bei fehlender Atmosphäre oder bei Abwesenheit von Kohlendioxid und auch von Wasserdampf wäre die Durchschnittstemperatur auf der Erde um 33 °C niedriger als heute, läge also bei etwa −20 °C. Flüssiges Wasser wäre somit unbekannt. Während die auf die Erde eingestrahlte Sonnenenergie vor allem im Bereich des sichtbaren Lichtes liegt, strahlt die Erde vor allem Energie im Bereich der langwelligeren Infrarotstrahlung (Wärmestrahlung) ab.

Molekularer Stickstoff (N_2) und molekularer Sauerstoff (O_2), die Hauptkomponenten unserer Atmosphäre, können die von der Erde reflektierte Infrarotstrahlung nicht aufhalten und damit als Wärme im

erdnahen Bereich halten. Sehr wohl ist dies aber dem Kohlendioxid und dem Wasserdampf möglich. Diese nur in Spuren vorhandenen Luftbestandteile fangen die abgestrahlte Energie zum Teil wieder ein und strahlen sie auf die Erde zurück, so daß die zur Erwärmung der Erdatmosphäre vorhandene Energie vermehrt wird. Man kann den Effekt mit der Wirkung eines Glashauses vergleichen, wo die Glasscheiben auch einen Teil der zurückgestrahlten Energie auffangen, daher auch die Bezeichnung *natürlicher Glashaus-* oder *Treibhauseffekt*.
Neben der Wirkung als sogenanntes Treibhausgas stellt Kohlendioxid auch ein wichtiges Element im Lebenskreislauf der Pflanzen dar: Es versorgt diese mit Kohlenstoff. Unter dem Einfluß von Sonnenlicht zerlegen die Pflanzen das Kohlendioxid in Kohlenstoff und molekularen Sauerstoff, wobei sie den atomaren Kohlenstoff selbst aufnehmen und den Sauerstoff an die umgebende Luft abgeben. Der Kohlenstoff gelangt schließlich über die Pflanzen in die Erde, wo er von Mikroorganismen durch Verbindung mit molekularem Sauerstoff wieder als Kohlendioxid freigesetzt wird.
Kohlenstoff- und Sauerstoffmengen befinden sich somit in einem dynamischen Gleichgewicht. Die Pflanzen erzeugen also keinen Sauerstoff, sondern halten den Kreislauf bei absolut gleichbleibenden Mengen lediglich in Gang.
Der Sauerstoff unserer Atmosphäre stammt ursprünglich aus der Spaltung von Wasser, der Kohlenstoff wurde dem Kreislauf in früheren Epochen als fossile Ablagerung entzogen. Durch massive Nutzung dieser Kohlenstoffreserven, wie Erdöl, Erdgas und Kohle, kann der Mensch heute die in Umlauf befindliche Menge an Kohlendioxid erhöhen und so das künftige Temperaturgleichgewicht der Erde stark beeinflussen.

Der Ozon-Zyklus

Ein weiterer Kreislauf, dem das Leben auf der Erde seine Existenz verdankt, ist der des Ozons. Wie schon erwähnt, war es das Ozon in der Atmosphäre, diese Schutzhülle, die das pflanzliche und tierische Leben auf der Erdoberfläche und in den oberen Bereichen des Wassers am Beginn der Evolution ermöglichte. Wann und wie sich die »Uratmosphäre« in die heute bekannten Schichten gliederte, ist noch weitgehend unbekannt. Jedenfalls schützt das stratosphärische Ozon die lebenden Zellen vor der zerstörenden Wirkung des UV-Lichtes. Während sich die Kreisläufe von Wasser und Kohlenstoff im erdnahen Bereich abspielen, geht dieser Ozonkreislauf in der Stratosphäre vor sich, die 90 Prozent der gesamten Ozonmenge enthält. Dort ist es eines der bedeutendsten Spurengase unserer Lufthülle. Leben und Klima sind davon abhängig.

Im Gegensatz zu diesem stratosphärischen Ozon, das unser Leben schützt, steht das Vorkommen des Ozons in den unteren Schichten unserer Erdatmosphäre, das troposphärische Ozon. Während das schützende, »gute« Ozon in der Stratosphäre ständig abnimmt (Ozonloch), nimmt in Bodennähe das schädliche, »böse« Ozon ständig zu.

Es ist inzwischen erwiesen, daß die Zunahme des Ozons in Bodennähe auf menschliche Ursachen zurückgeht. Ein wichtiges Indiz hierfür ist die Tatsache, daß die Ozonbelastung der unteren Luftschichten auf der industrieintensiven Nordhalbkugel unserer Erde etwa doppelt so hoch wie in den vergleichbaren Breitengraden der Südhalbkugel ist. So nimmt seit 1970 die Ozonbelastung der Troposphäre in der nördlichen Hemisphäre jährlich um 0,5 bis 1 Prozent zu, in stark schadstoffbelasteten Gebieten sogar um 2 Prozent (Enquete-Kommission).

Das Ozongleichgewicht ist das Ergebnis einer Vielzahl von Reaktionen und hängt von den Schwankungen extrem seltener Bestandteile der Atmosphäre ab. Diese konnten oft erst in jüngster Zeit nachgewiesen werden, und deren Mengen unterliegen aufgrund der geringen Masse dem Einfluß des Menschen am leichtesten. Somit kann auch dieses komplexe Gleichgewicht ins Wanken geraten.

Dem Ozon kommt also in den beiden Atmosphärenbereichen, Stratosphäre und Troposphäre, völlig unterschiedliche Bedeutung zu. Stratosphärische Ozonkonzentrationen könnten in Bodennähe nicht ertragen werden und hätten schwere Schäden an Mensch, Tier und Pflanze zur Folge. Man darf nicht glauben, daß vermehrtes Ozon in der Troposphäre das fehlende Ozon in der Stratosphäre ausgleichen könnte. Durch Austauschvorgänge kann troposphärisches, »böses« Ozon nicht in die Stratosphäre transportiert werden, um dort zu »gutem« Ozon zu werden. Dazu ist das Ozon viel zu kurzlebig und zu reaktionsfreudig, es kann bei den langsamen Austauschvorgängen die Stratosphäre nicht erreichen. Abgesehen davon, wären diese Mengen viel zu gering.

Pendelschläge der Natur und der Einfluß des Menschen

Die vielfältigen Zusammenhänge, die das labile Gleichgewicht unseres Klimas bestimmen, waren im gesamten Verlauf der Erdgeschichte immer wieder Schwankungen unterworfen. Der Wechsel der Eiszeiten mit den Perioden stärkerer Erwärmung ist ein anschauliches Zeichen dafür. Das sich abzeichnende Ende der jüngsten Eiszeit vor etwa 18.000 Jahren, damals war das Eiszeitmaximum erreicht, und die folgende Erwärmung der Erde waren von einer 5.000 Jahre dauernden Erhöhung des CO_2-Gehaltes um insgesamt 50 Prozent begleitet. Diese Klimaänderungen gingen Hand in Hand mit der Verschiebung von Lebensräumen, was wiederum das Gedeihen oder Verschwinden vieler Pflanzen- und Tierarten zur Folge hatte. Allerdings erfolgten diese Änderungen langsam, so daß die Verschiebungen oft durch Wanderungen oder Anpassung aufgefangen werden konnten. Immerhin benötigte die natürliche Erhöhung des CO_2-Gehaltes der Atmosphäre um etwa die Hälfte zuletzt 5.000 Jahre.
Bis zu Beginn des 20. Jahrhunderts waren also Erscheinungen des Klimas natürliche Phänomene. Der Einfluß des Menschen auf die Natur blieb lokal oder regional begrenzt. In diesem Jahrhundert hat sich dieser Einfluß aber in seiner Qualität verändert. Der Mensch selbst wurde zum Klimafaktor! Mit der Veränderung der chemischen Zusammensetzung der Atmosphäre hat die Menschheit eine Entwicklung ins Rollen gebracht, die den gesamten Planeten umfaßt. Bei Fortsetzung der gegenwärtigen Tendenz wird sich der Anteil der Spurengase in der Atmosphäre in hundert Jahren mehr als verdoppelt haben. Derart schwerwiegende Veränderungen der Atmosphäre in derart kurzer Zeit sind aus keinem Abschnitt der Erdgeschichte bekannt. Bereits der jetzt vorhandene CO_2-Anteil in der Atmosphäre hat Werte erreicht, die noch nie seit Bestehen des Lebens in dieser Höhe gemessen wurden. Mit einem weiteren Anstieg ist zu rechnen. Die klimatischen Reaktionen darauf sind allerdings nicht sofort zu bemerken, sie sind aber wissenschaftlich schon festzustellen und werden als sichtbare Folgen mit Sicherheit kommen.
Daten über die Konzentration von Spurengasen in der Atmosphäre

früherer Zeiten besitzen wir nach Untersuchungen im polaren Eis und alter Sedimente lediglich über die Konzentration des Kohlendioxids und einiger anderer langlebiger Gase. Schon 50 Prozent mehr CO_2 haben genügt, um die riesigen Eismassen der letzten Eiszeit bis auf die heutigen Gletscherreste und Polkappen zum Schmelzen zu bringen. Dies nur zur Illustration, wie Spurengase unser Leben beeinflussen können. Über die Ozonschicht in der Stratosphäre gibt es keine historischen Daten, daher wissen wir nicht, ob es hier in der Vergangenheit große Schwankungen gegeben hat und wie sich diese allenfalls konkret ausgewirkt haben. Die Wissenschaft beschäftigt sich erst seit relativ kurzer Zeit mit der Erforschung der Atmosphäre und mit den Auswirkungen des Ozons. Bis in das 20. Jahrhundert hinein war man ausschließlich auf Beobachtungen vom Boden aus angewiesen. Damit konnte man wohl die Gesamthöhe der Ozonsäule in der Atmosphäre feststellen, nicht jedoch ihre Verteilung. Die dafür notwendige direkte Erforschung höherer Luftschichten wurde erst durch Ballonflüge, Flugzeuge und Satelliten möglich.
Die einzigen regelmäßig erhobenen Ozondaten, die wir aus der vorindustriellen Zeit besitzen, stammen von dem Chemiker Albert-Levy, der am Observatorium von Montsouris bei Paris von 1877 bis zu seinem Tod im Jahre 1907 täglich den Ozongehalt gemessen und die Daten archiviert hat. Damals betrug der durchschnittliche Ozongehalt der Luft in Bodennähe 10 ppb (10 Ozonmoleküle auf 1 Milliarde Luftmoleküle). Heute liegt der durchschnittliche Gehalt vier- bis fünfmal höher, zumindest im Frühling und im Sommer. Aber auch zwanzigfache Spitzenwerte kommen vor.
Im Gegensatz dazu sinkt, wie bereits erwähnt, der Ozongehalt der Stratosphäre. Durch eine verdünnte Ozonschicht in der Stratosphäre oder durch nahezu gänzliches Fehlen von Ozon in bestimmten Schichten (Ozonloch) können die energiereichen Strahlen der Sonne vermehrt bis auf die Erde gelangen und hier die lebenden Zellen von Pflanzen und anderen Lebewesen schädigen. Vermindertes Wachstum oder massenhaftes Absterben von Pflanzen verschiebt das CO_2-Niveau weiter nach oben und trägt somit zum Aufheizen der Erde bei. Dagegen wird die Temperatur der Stratosphäre sinken, wobei wir über diese Auswirkungen auf das Klima noch nicht genau Bescheid wissen. Mit der Beeinflussung unseres Lebensraums muß jedoch gerechnet werden. Starke Indizien weisen auf eine Intensivierung des Treibhauseffektes hin,

weil die Troposphäre mehr energiereiche Strahlung aufnehmen muß. Menschen können sich gegen die unerwünschten UV-Strahlen schützen, doch nur unter drastischer Einbuße von Lebensqualität. Wir müßten die Sonne meiden, die Augen gegen Sonnenstrahlen schützen, ein Leben im Untergrund führen. Trotzdem würden und werden die Fälle von Hauterkrankungen, darunter Hautkrebs, ansteigen, ebenso Fälle von Augenerkrankungen und Erblindung. Tiere und Pflanzen sind der vermehrten UV-Strahlung völlig schutzlos ausgeliefert. Das gute Ozon und das böse Ozon lassen sich nicht gegeneinander ausspielen.

Zusammenfassung

Die Atmosphäre unserer Erde ist in verschiedene Schichten gegliedert, die sich hinsichtlich ihrer chemischen Zusammensetzung und der dort vorherrschenden Temperaturen unterscheiden.
Die Troposphäre reicht je nach geographischem Breitengrad bis in Höhen von 8 – 16 Kilometer, daran schließt sich die Stratosphäre bis in Höhen von 50 Kilometer an; darüber liegen noch weitere Atmosphärenschichten.
Die Atmosphäre hat für das Leben auf der Erde vielfältige Aufgaben. Unter anderem schafft sie durch den natürlichen Treibhauseffekt jenes Temperaturniveau, das ein pflanzliches und tierisches Leben, so wie wir es kennen, erst ermöglicht. Ohne natürlichem Treibhauseffekt würden auf der Erde Durchschnittstemperaturen von etwa –20 °C herrschen. Alles Wasser wäre gefroren. Die Wärmespeicherung wird allerdings nicht durch die Hauptkomponenten der Atmosphäre, Stickstoff und Sauerstoff, bewirkt, sondern durch Spurengase.
Eine weitere wichtige Aufgabe der Atmosphäre ist die Absorption lebensfeindlicher UV-Strahlung. UV-Licht schädigt Zellstrukturen und die Erbinformation von Zellen, ein Leben im Licht hätte sich auf der Erde unter starkem UV-Lichteinfluß nicht entwickeln können.
Das Spektrum der Sonnenstrahlung außerhalb der Erdatmosphäre unterscheidet sich wesentlich von jenem, das die Erdoberfläche erreicht. Bis zu einem Wellenlängenbereich von 240 nm wird die Strahlung von molekularem Sauerstoff (O_2) abgehalten. Ab einem Bereich von 200 nm beginnt auch Ozon (O_3) mit der Absorption, wobei das Absorptionsmaximum bei 280 nm liegt und dann mit zunehmender Wellenlänge abnimmt. Daher trifft auf der Erdoberfläche nur Strahlung mit mehr als 290 nm Wellenlänge auf. Ozon trägt mit seiner Absorptionsfähigkeit auch zur Temperaturstabilität der Stratosphäre bei: in der hohen Stratosphäre durch Absorption von UV-Licht, in der unteren Stratosphäre durch Absorption von Infrarotlicht. Daher ist Ozon auch klimawirksam. 90 Prozent der Gesamtozonmenge der Atmosphäre befinden sich im stratosphärischen Bereich. Der natürliche Ozongehalt in der bodennahen Atmosphäre beträgt etwa zehn ppb. Troposphärisches Ozon hat im Gegensatz zum stratosphärischen Ozon stark

zugenommen. Es werden heutzutage Durchschnittswerte gemessen, die vier- bis fünfmal höher als die ursprünglichen Werte liegen. Die Spitzenwerte übertreffen den natürlichen Ozongehalt der bodennahen Luftschichten sogar um das Zwanzigfache.
Diese hinzugekommene Ozonmenge stammt aus Vorläufersubstanzen, die durch menschliche Tätigkeiten entstehen und emittiert werden. Bodennahes Ozon (troposphärisches Ozon) ist giftig für Mensch, Tier und Pflanze. Es trägt außerdem aufgrund der Fähigkeit, infrarotes Licht zu absorbieren, zum Treibhauseffekt bei.
Es ist nicht möglich, das Zuviel an Ozon in der Troposphäre gegen das Zuwenig an Ozon in der Stratosphäre aufzurechnen; dazu sind die Mengenverhältnisse zu verschieden. Ozonkonzentrationen, wie sie in der Stratosphäre notwendig sind, wären in der Troposphäre lebensfeindlich. Es ist auch nicht möglich, Ozon aus der Troposphäre in die Stratosphäre zu transportieren oder auf Austauschvorgänge zu warten, Ozon ist dafür viel zu kurzlebig.

DAS OZON IN DER STRATOSPHÄRE

Die Sonnenbrille der Erde – eine dünne Haut

Ozon im Modell

Das Auffangen, die Absorption des UV-Lichtes, hängt davon ab, wie viele Ozonmoleküle ein Lichtstrahl auf seinem Weg zur Erde antrifft. Dies ist unabhängig davon, wo auf diesem Wege das geschieht. Für die Schutzwirkung ist es daher gleichgültig, in welchem Teil der Atmosphäre sich das jeweilige Ozonmolekül befindet. Daher hat man, um sich eine Vorstellung von der Gesamtozonmenge in der Atmosphäre zu machen, ein Modell erstellt, in dem die gesamte Ozonmenge der Atmosphäre auf Meereshöhe, als unter Normaldruck gebracht wird. Aufgrund dieses Modells ergibt sich eine Ozonhaut von drei Millimeter Stärke. Man spricht daher von einer reduzierten Höhe des Ozons von drei Millimeter und verwendet diese reduzierten Größen als Maßeinheit: Per Definition entspricht ein Millimeter reduzierte Ozonschicht 100 Dobson-Units (DU) (nach dem berühmten Atmosphärenforscher Dobson). Die Gesamtozonhöhe beträgt also im Schnitt 300 Dobson (DU). Diese dünne Haut von drei Millimeter Ozon ist also in der Lage, das gefährliche UV-Licht abzuhalten, aber die für das Leben notwendigen längeren Lichtwellen passieren zu lassen. Im Schnitt befinden sich von diesen drei Millimeter Ozonschicht 2,7 Millimeter in einem Atmosphärenbereich zwischen 15 und 50 Kilometer Höhe verteilt. Diese Schichtdicke ist allerdings großen natürlichen Schwankungen unterworfen, je nach Jahreszeit und geographischer Breite.

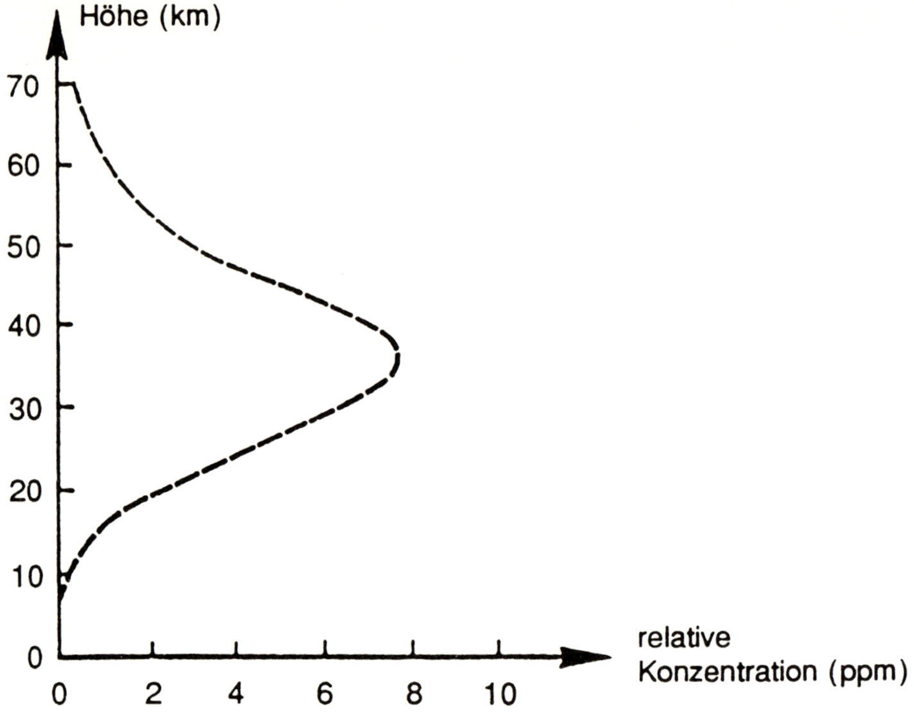

Die Verteilung des Ozons in der Atmosphäre

Wie dünn diese Ozonschicht ist, soll der folgende Vergleich deutlich machen: Würde man die gesamte Atmosphäre auf Normaldruck reduzieren, ergäbe das eine Atmosphärenhöhe von acht Kilometer (= 8 000 000 Millimeter), nur drei Millimeter davon sind Ozon. Da der Luftdruck aber mit zunehmender Höhe rasch abnimmt, reicht unsere Atmosphäre bis weit über 100 Kilometer in den Weltraum hinein.

Ein kurzer Abstecher in die Photochemie

Die unterschiedlichen Spurengase und andere Stoffe in der Atmosphäre reagieren auf vielfältige Weise. Für die Photochemie ist das zugrundeliegende Prinzip immer dasselbe.
All diese Reaktionen, die unter dem Einfluß der Sonnenstrahlung ($h\nu$)

ablaufen, werden unter dem Begriff *photochemische Reaktionen* zusammengefaßt. Aus ursprünglich stabilen Verbindungen entstehen zunächst durch Einwirkung von Sonnenlicht reaktionsfähige Zwischenprodukte, meist Radikale, aber auch Atome, die sich in einem angeregten, das bedeutet energiereicheren Zustand befinden (*photolytische Spaltung*).

Radikale sind im allgemeinen instabile chemische Zwischenprodukte und zeichnen sich durch eine hohe Reaktionsfreudigkeit aus. Zur besseren Veranschaulichung werden die reaktiven Radikale im folgenden durch einen zusätzlichen Punkt gekennzeichnet, die angeregten Atome werden mit einem Stern versehen.

Radikale greifen also in weiterer Folge neutrale, weniger reaktive Verbindungen an. Daraus entstehen andere chemische Substanzen. Diese können nun auch wiederum radikalischer Natur sein und damit ihrerseits wieder mit anderen Stoffen reagieren, deren Produkte dann ihrerseit wieder (*radikalische Kettenreaktion*) ... Nein, kein Prozeß, der sich unendlich wiederholt. Es gibt auch sogenannte *Kettenabbruchsreaktionen*, wenn etwa zwei Radikale untereinander reagieren, sich sozusagen unschädlich machen, und somit wiederum eine stabile Verbindung entsteht.

Die zweite Klasse der reaktionsfreudigen Stoffe bilden die Atome, und hier wiederum vor allem solche, die sich in einem energiereichen Zustand befinden. Diese können ebenso wie Radikale die neutralen, unreaktiven Stoffe angreifen und umwandeln. Ozon kann aus molekularem Sauerstoff (O_2) und einem angeregten Sauerstoffatom (O^*) nur entstehen, wenn ein »neutrales« Molekül (M) als Stoßpartner zur Verfügung steht. Solche angeregten Sauerstoffatome (O^*) können aber auch Moleküle spalten und dadurch Radikale bilden.

Reaktionen zur Veranschaulichung

$O_3 \quad + h\nu \quad \rightarrow \quad O_2 + O^*$ O^* = angeregtes Sauerstoffatom $h\nu$ = energiereiche Strahlung	photolytische Spaltung von Ozon
$H_2O \quad + O^* \quad \rightarrow \quad 2\,OH\cdot$	Ein angeregtes Atom führt zur Bildung eines Radikals (OH-Radikal)
$CO \quad + OH\cdot \quad \rightarrow \quad CO_2 + H\cdot$	Reaktion eines Radikals mit einem Spurengas und Entstehung eines weiteren Radikals (Wasserstoff-Radikal)
$H\cdot \quad + O_2 \quad \rightarrow \quad HO_2\cdot$	Die Möglichkeiten weiterer Radikalbildungen sind vielfältig
$H\cdot \quad + HO_2\cdot \rightarrow \quad H_2O_2$ $H\cdot \quad + H\cdot \quad \rightarrow \quad H_2$ $HO_2\cdot + HO_2\cdot \rightarrow \quad H_2O + O_2$	Irgendwann hat jeder Zyklus einen Bruch – der Kettenabbruch, zwei Radikale rekombinieren

Der natürliche Ozonkreislauf

Bis vor etwa 20 Jahren glaubte man, die Entstehung und Zerstörung von Ozon beruhe ausschließlich auf dem Einfluß von UV-Licht. Der sogenannte *Chapman-Zyklus* basiert auf dieser Annahme:

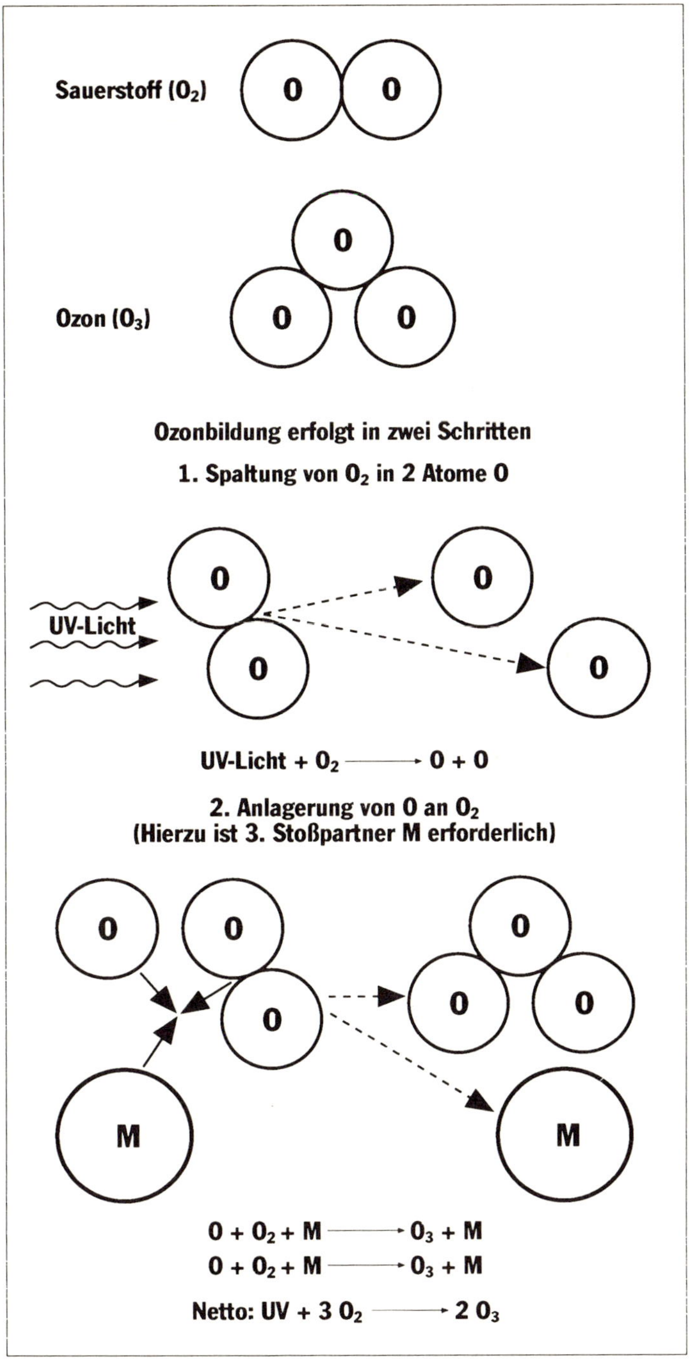

Schematische Darstellung der Ozonbildung

Molekularer Sauerstoff O_2 wird durch kurzwelliges Licht mit einer Wellenlänge kleiner als 242 nm gespalten, so daß zwei Sauerstoffatome entstehen. Jedes Sauerstoffatom kann sich unter Mitwirkung irgendeines weiteren Moleküles M als »Stoßpartner« (z. B.: N_2) mit einem Sauerstoffmolekül verbinden und damit ein Ozonmolekül O_3 bilden. Molekularer Sauerstoff O_2 und atomarer Sauerstoff O verbinden sich also ständig zu Ozon O_3.

Diesem ständigen Ozonbildungsprozeß steht der ständige, genau umgekehrte Ozonabbauprozeß gegenüber. Durch Licht, dessen Wellenlänge kleiner als 1.200 nm ist, also auch bereits durch sichtbares Licht und durch Infrarotstrahlung, wird das Ozon wieder in molekularen und atomaren Sauerstoff zerlegt. Da die Bindungsenergie des Ozonmoleküls O_3 viel geringer ist als jene des Sauerstoffmoleküls O_2, ist länger-

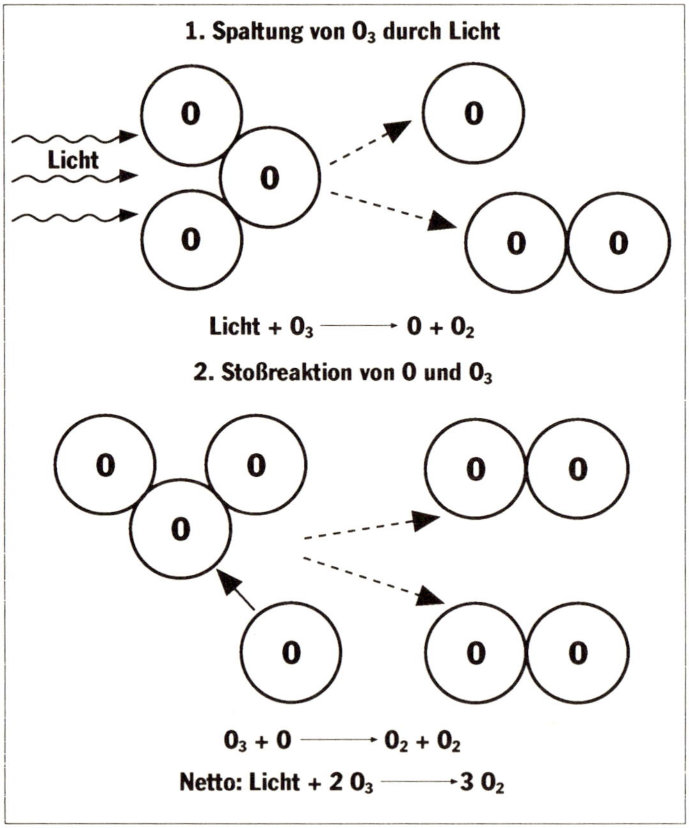

Schematische Darstellung der Ozonzerstörung in einer reinen Sauerstoff-Atmosphäre

welliges, energieärmeres Licht ausreichend, um O_3 zu spalten.
Atomarer Sauerstoff O kann sich nun auch an Ozon anlagern, um zwei Moleküle O_2 zu bilden. Somit trägt atomarer Sauerstoff (O) einerseits zur Ozonbildung und andererseits auch zum Ozonabbau bei.
Diese Reaktionen dienen recht gut der Beschreibung des Ozonauf- und -abbaus, die gemessene Ozonkonzentration und die Verteilung des Ozons in der Stratosphäre läßt sich aber dadurch nicht erklären. Der tatsächlich gemessene Ozonanteil müßte entsprechend dieser Reaktionen größer sein. Es muß also noch andere, zusätzliche ozonabbauende Reaktionen geben.
In der hohen Atmosphäre, oberhalb von 50 Kilometer, stimmt der Chapman-Zyklus noch am ehesten. Der Ozongehalt ist allerdings den tageszeitlichen Schwankungen besonders stark unterworfen, da hier der Einfluß des Sonnenlichtes am größten ist.
Unter der energiereichen Sonneneinstrahlung wird in diesen Höhen ständig molekularer Sauerstoff (O_2) in atomaren Sauerstoff (O) zerlegt, gleichzeitig wird auch Ozon in O_2 und O gespalten, so daß vergleichsweise große Mengen an atomarem Sauerstoff vorhanden sind. Nach Sonnenuntergang treten diese lichtabhängigen, photochemischen Spaltungsprozesse in den Hintergrund, und der Ozonaufbau kann ungestört vor sich gehen. Mit zunehmender Höhe steigt also die Ozonkonzentration in der Nacht an. Bei Sonnenaufgang wird dieses nächtlich gebildete Ozon durch Lichteinwirkung wieder zu einem großen Teil zerstört. Das wechselnde, dynamische Ozongleichgewicht beruht also in Höhen über 50 Kilometer zu einem beträchtlichen Teil allein auf dem Sonnenlicht. Daneben greifen hier aber auch OH-Radikale und atomarer Wasserstoff H in den Ozonkreislauf ein.

Katalytische Ozonabbaureaktionen

Unterhalb der hohen Atmosphäre, also in Höhen unterhalb von 50 Kilometer, kommen vermehrt zusätzliche ozonabbauende Reaktionen hinzu. Es sind dies *katalytische Prozesse,* die durch Spaltungsprodukte von Spurengasen in Gang gesetzt werden. Von *Katalysatoren* spricht man dann, wenn Teilnehmer an einer chemischen Reaktion am Ende des Prozesses wieder in unveränderter Form vorhanden sind. Auch der Katalysator am Auspuff eines Autos funktioniert ja nicht als Filter, sondern als Anreger chemischer Abläufe, ohne daß der Katalysator selbst verändert wird. Dies nur zur Veranschaulichung der Ausdrücke katalytisch und Katalysator. Allen Katalysatoren gemeinsam ist ihre Reaktionsfreudigkeit. Sie sind vorerst instabil, werden aber schließlich in ihrer ursprünglichen Form wiederhergestellt.

Die hier zu besprechenden Katalysatoren bilden sich aus Vorläufersubstanzen, die in der Troposphäre sehr langlebig sind und daher in die Stratosphäre gelangen können. Dort werden sie vom energiereichen UV-Licht zerlegt und bilden dann die reaktionsfreudigen, instabilen Katalysatoren. Auch ungerader Sauerstoff O_x (O, O_3) ist sehr reaktionsfreudig und greift Katalysatoren an. Dadurch verschwindet nicht nur laufend Ozon, sondern auch der atomare Sauerstoff, die Ausgangsbasis für Ozon.

Bisher sind an die 30 Substanzen bekannt, die bereits in geringsten Mengen große Auswirkungen auf die Vorgänge in der Stratosphäre haben und die auch das Ozongleichgewicht erheblich beeinflussen. Es sind dies im wesentlichen Verbindungen der Elemente Sauerstoff, Stickstoff, Wasserstoff, Chlor und Brom.

Das Schwerwiegende an diesen von Menschen in die Atmosphäre entlassenen Chemikalien liegt keinesfalls in der Menge. Im Vergleich zur Gesamtmasse der Atmosphäre sind diese sogar verschwindend gering. In ihrer chemischen Auswirkung jedoch sind sie Monster, weil sie lange, ohne selbst verwandelt zu werden, ein und denselben zerstörerischen Akt hunderttausendmal ablaufen lassen können. Wie so eine *katalytische Reaktion* Ozon zerstört, zeigt schematisch die folgende Grafik.

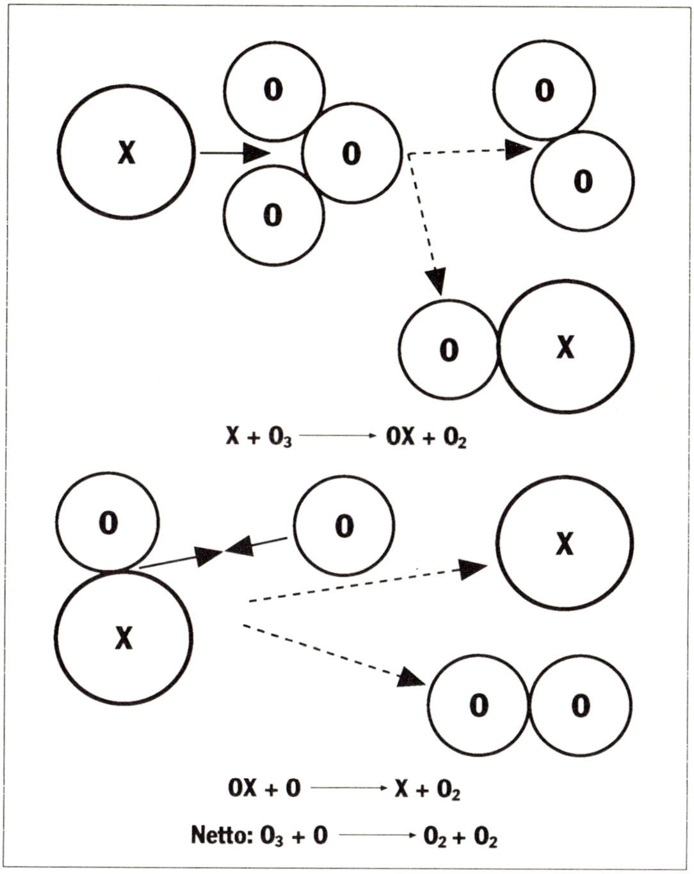

Schematische Darstellung der katalytischen Ozonzerstörung
X = Katalysator: NO, H, OH, Cl, Br

Durch den Katalysator X sind also in Summe aus einem Ozonmolekül und einem Sauerstoffatom zwei Sauerstoffmoleküle O_2 gebildet worden, X geht am Ende, wie es der Eigenschaft eines Katalysators entspricht, unverändert aus dem Prozeß hervor.
Für die Bildung von Ozon ist das Vorhandensein des atomaren Sauerstoffes O notwendig, denn nur durch die Verbindung von atomarem Sauerstoff mit dem in großen Mengen vorhandenen molekularen Sauerstoff O_2 ist die Bildung von Ozon O_3 möglich. Allerdings ist, wie schon erwähnt, die Bindungsenergie von Ozon viel geringer als die des molekularen Sauerstoffs, so daß aus zwei Ozonmolekülen (2 mal O_3) immer wieder drei Sauerstoffmoleküle (3 mal O_2) gebildet werden. Die-

ser Auf- und Abbau von Ozon hat sich auf ein natürliches Gleichgewicht eingestellt, welches jedoch in zunehmendem Maße gestört wird. Deshalb gilt es im folgenden zu klären, welche katalytischen Reaktionen den Vorrat an ungeradem Sauerstoff O_x (O, O_3) vermindern. Alle ungeraden Sauerstoffverbindungen O_x sind sehr reaktionsfreudig, und es sind vor allem die Chlor-, Wasserstoff- und Stickstoffverbindungen, die sich bevorzugt mit atomarem Sauerstoff verbinden und somit den Wiederaufbau des abgebauten Ozons verhindern.
Die wichtigsten ozonabbauenden katalytischen Zyklen sollen im folgenden kurz dargestellt werden (nach Enquete-Kommission).

Radikale der Wasserstoffamilie

HO_x-Radikale entstehen in der Stratosphäre aus Wasserdampf (gasförmiges H_2O), Methan (CH_4) und Wasserstoff (H_2) unter Einwirkung von energiereichem UV-Licht. Diese Vorläufer stammen sowohl aus natürlichen wie auch aus von Menschen erzeugten Quellen.
Damit sind also die folgenden Radikale an diesem Zyklus beteiligt: das Wasserstoffradikal H·, das Hydroxyl-Radikal OH· und das Hydroperoxyl-Radikal (auch Wasserstoffperoxyl-Radikal genannt) $HO_2\cdot$.
Oberhalb von 40 Kilometer finden vorwiegend folgende Reaktionen statt:

$$OH\cdot + O_3 \rightarrow HO_2\cdot + O_2$$
$$HO_2\cdot + O \rightarrow OH\cdot + O_2$$

$$\text{Netto:}\quad O_3 + O \rightarrow O_2 + O_2$$

Neben den OH-Radikalen treten also auch HO_2-Radikale auf, in der Bilanz kommen beide Radikale jedoch nicht vor. Sie werden in dem Mechanismus also zum einen gebildet, aber dann auch wieder verbraucht. Somit wirken die beiden Radikale als Katalysatoren. In der Stratosphäre ist ein analoger Zyklus auch mit H-Radikalen statt OH-Radikalen möglich.

Radikale und Verbindungen der Stickstoffamilie

Stickoxide wirken auf zwei verschiedene Weisen: Während sie in der Troposphäre und in den unteren Schichten der Stratosphäre Ozon erzeugen, zerstören sie es oberhalb von 20 Kilometer (G. Mégie).
Das reaktionsträge Distickstoffoxid (N_2O), auch als Lachgas bekannt, wird vermehrt durch Verbrennung erzeugt und gilt auch als bedeutendes Treibhausgas. Seine jährliche Zunahme beträgt laut Enquete-Kommission 0,2 – 0,3 Prozent.
Erst in der Stratosphäre kann es durch reaktive Sauerstoffatome in zwei NO-Radikale gespalten werden.

$$N_2O + O^* \rightarrow NO\cdot + NO\cdot \quad (O^* = \text{angeregtes Sauerstoffatom})$$

Das NO-Radikal löst einen wichtigen Reaktionszyklus in der Stratosphäre aus, der letztlich zur Ozonzerstörung führt:

$$\begin{array}{lllll} & NO\cdot & + O_3 \rightarrow & NO_2 & + O_2 \\ & NO_2 & + O^* \rightarrow & NO\cdot & + O_2 \\ \hline \text{Netto:} & O_3 & + O^* \rightarrow & O_2 & + O_2 \end{array}$$

Radikale der Chlorfamilie

Chlorverbindungen zählen zu den wichtigsten Substanzen, die an der Ozonzerstörung beteiligt sind. Diese Entdeckung wurde schon 1974 von verschiedenen Wissenschaftlern gemacht, jedoch lange nicht ernst genommen. Die in der Natur völlig unbekannten *Fluorchlorkohlenwasserstoffe* (FCKW) bilden die größte Chlorquelle in der Stratosphäre. Die in größerem Ausmaß freigesetzten Stoffe sind FCKW R 11, 12, 113, 114 und 115. Diese Verbindungen sind in der Troposphäre inert, das heißt, sie reagieren chemisch kaum, haben daher eine lange Lebensdauer und können darum bis in die Stratosphäre gelangen. In der Stratosphäre werden sie durch kurzwelliges UV-Licht und angeregte Sauerstoffatome oder OH-Radikale zerlegt und bilden Chlor- ($Cl\cdot$) und Chlormonoxid-Radikale ($ClO\cdot$).

$$FCKW \xrightarrow{UV} Cl\cdot + \text{Restmolekül}$$

$$\begin{array}{llcll} & Cl\cdot & +O_3 & \rightarrow & ClO\cdot & +O_2 \\ & ClO\cdot & +O & \rightarrow & Cl\cdot & +O_2 \\ \hline \text{Netto:} & O_3 & +O & \rightarrow & O_2 & +O_2 \end{array}$$

Trifft das Chlormonoxid-Radikal ($ClO\cdot$) aber auf Stickstoffdioxid (NO_2), entsteht das Chlornitrat ($ClONO_2$), und wenn es auf Methan (CH_4) trifft, entsteht Salzsäure (HCl). Beides sind stabile Substanzen, die in der Stratosphäre einen Chlorvorrat oder auch eine Senke für Chlor bilden. Dieser Chlorvorrat kann unter bestimmten Voraussetzungen nahezu schlagartig freigesetzt werden, wie wir bei der Erklärung des antarktischen Ozonloches noch sehen werden.

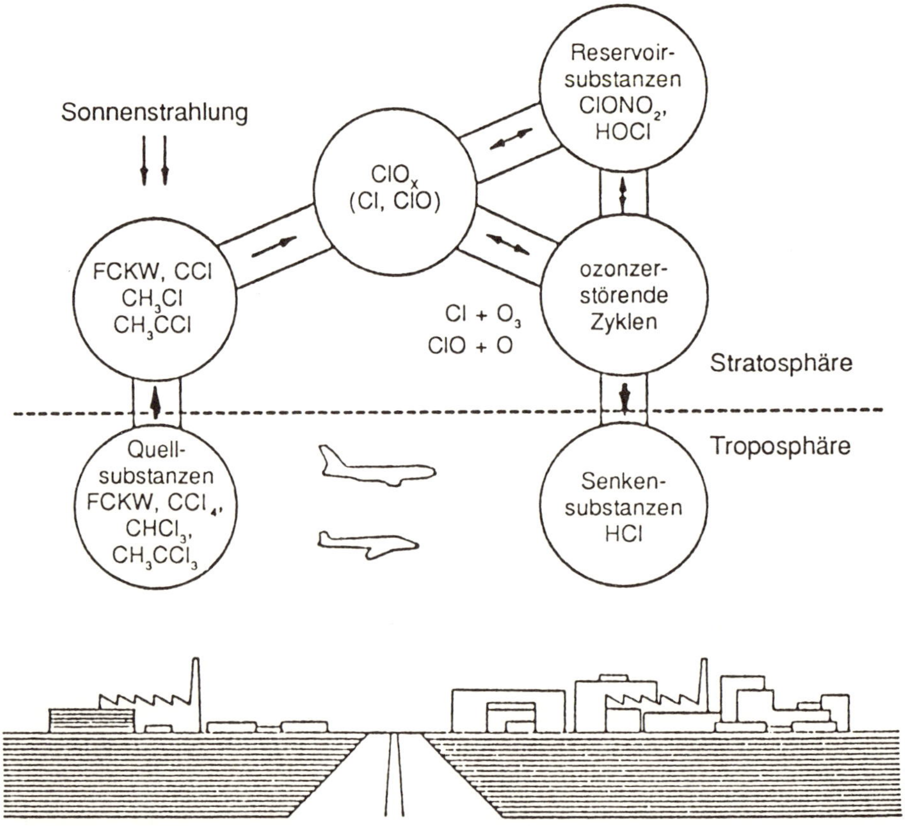

Der Kreislauf der Chlorverbindungen in der Atmosphäre

Radikale der Bromfamilie

Die Bromfracht, die in die Stratosphäre gelangt, stammt hauptsächlich aus industriell hergestellten Halon-Verbindungen. Der Bromzyklus verläuft analog zum Chlorzyklus:

$$\begin{array}{lllll} & Br\cdot & + O_3 \rightarrow & BrO\cdot & + O_2 \\ & BrO\cdot & + O \rightarrow & Br\cdot & + O_2 \\ \hline \text{Netto:} & O_3 & + O \rightarrow & O_2 & + O_2 \end{array}$$

Dieser Reaktionszyklus trägt aber wegen der vergleichsweise geringen Bromkonzentration in der Atmosphäre für sich allein genommen weniger zum Ozonabbau bei.

Ein ausgesprochen potenzierter und effektiver Ozonabbau entsteht jedoch bei der gekoppelten Chlor und Brom Katalyse. Da Brom in der Stratosphäre fast ausschließlich in aktiver Form vorhanden ist, stabile Vorratsverbindungen wie bei Chlor gibt es nicht, hat Brom ein noch weitaus höheres Abbaupotential als Chlor.

Die vollhalogenierten Fluorchlorkohlenwasserstoffe (FCKW) und die Halone, die beiden wichtigsten Ausgangsprodukte für die Chlor- und Bromatome in der Stratosphäre, sind in der Troposphäre praktisch nicht abbaubar. Die Verweildauer in der Atmosphäre ist beträchtlich – für FCKW R 11 mindestens 65 Jahre und für FCKW R 12 sogar 120 Jahre. Der Abbau dieser Substanzen ist nur unter Einwirkung des energiereichen UV-Lichtes in der Stratosphäre möglich, daher wird in der Troposphäre auch keine Verringerung der Konzentration mit zunehmender Höhe festgestellt. In der Stratosphäre jedoch werden die Moleküle durch *Photolyse* zerlegt, und dort zerstören dann die Chlor- und Bromatome als Katalysatoren die Ozonmoleküle. Die in den FCKW auch enthaltenen Fluoratome haben keine ozonzerstörende Wirkung. Sie reagieren sofort untereinander.

Die Geschwindigkeit, mit der die FCKW und die Halone in der Stratosphäre durch UV-Licht abgebaut werden, ist geringer als unsere heutigen Emissionsraten. Daher wird die Konzentration dieser Verbindungen weiter zunehmen. Die Enquete-Kommission geht davon aus, daß die untere Stratosphäre inzwischen 2,5 bis 3 ppb Chlor enthält. Jüngste Messungen haben 3,3 bis 3,5 ppb in der gesamten Stratosphäre festgestellt (UNEP, Genf 1992). Der natürliche Chlorgehalt hat früher 0,6 ppb betragen. Durch menschliche Aktivitäten ist also der Chlorgehalt in der Stratosphäre um mehr als das Fünffache gestiegen. Würden die Emissionsraten von heute konstant bleiben, sagt die Enquete-Kommission für die nächsten Jahrzehnte maximale Chlorkonzentrationen von 8 ppb voraus. Die Freisetzung von FCKW in der Vergangenheit sind also die Ozonschäden von heute, die Emissionen heute sind die Schäden von morgen. Selbst bei sofortigem Stopp aller Emissionen ozonschädigender Verbindungen steigt die Chlorkonzentration in den nächsten 7 – 10 Jahren noch weiter an und beginnt erst dann, langsam zu sinken. Vorausgesetzt sind hier die günstigsten Prognosen. Um den Chlorgehalt von 2 ppb (entspricht dem Wert kurz vor dem Auftreten des Ozonloches über der Antarktis) auf 3 ppb anzuheben, hat es weniger als zehn Jahre gedauert. Um diesen Wert von 3 ppb wieder auf 2 ppb zu senken, dauert es nach den optimistischsten Prognosen, die weltweit eine große Umweltdisziplin voraussetzen, 30 Jahre; noch größere Zeitspannen sind jedoch wahrscheinlicher.

Zerstörungspotentiale

Obwohl alle Chlorverbindungen prinzipiell nach dem gleichen Muster mit Ozon reagieren, ist das Ozonzerstörungspotential der einzelnen chemischen Verbindungen dennoch recht unterschiedlich. Es kommt auf die verschiedenen chemischen Prozesse an, die zum Freiwerden der Chloratome führen. Die Effizienz bei der Zerstörung von Ozon wird als relative Ozonwirksamkeit üblicherweise in ODP angegeben (engl.: Ozone Depleting Potential, dt.: Ozonzerstörungspotential). Das am häufigsten angewandte FCKW R 11 ($CFCl_3$) gilt als Bezugsgröße und erhält willkürlich den ODP-Wert 1.

Die Einstufung des Schädigungspotentials nach diesen ODP-Werten wird vielfach kritisiert, weil damit nur eine Dimension erfaßt wird. Völlig unberücksichtigt bleiben entscheidende Parameter, wie etwa in welcher Höhe die Schädigung auftritt und zu welchem Zeitpunkt nach der Emission.

Besonders hohe ODP-Werte erhalten jene Verbindungen, die in der Troposphäre chemisch nicht verändert werden. Sie wandern daher fast vollständig in die Stratosphäre, wo sie photolytisch zerlegt werden. Dazu zählen vor allem bromhaltige Halonverbindungen. Bromatome haben ein drei- bis zehnmal höheres Zerstörungspotential wie Chloratome (Enquete-Kommission), und die Koppelung von Chlor- und Bromatomen bei der Ozonzerstörung ist noch weitaus effektiver. Sollte die Halonverwendung weiter steigen – und nach den Texten der bisher gültigen internationalen Vereinbarungen wird sie das tun –, muß dies dramatische Auswirkungen auf die Ozonschicht haben.

Alle vollhalogenierten Fluorchlorkohlenwasserstoffe (R 11, 12, 113, 114, 115), Tetrachlorkohlenstoff CCl_4 und 1,1,1-Trichlorethan besitzen ein hohes Ozonzerstörungspotential. Auch diese Verbindungen reagieren in der Troposphäre kaum, so daß nahezu alle emittierten Moleküle in die Stratosphäre gelangen, wo sie unter UV-Licht zerlegt werden und die einzelnen Kreisläufe zur Ozonzerstörung katalysieren.

Niedrigere, aber doch merkbare ODP-Werte weisen die wasserstoffhaltigen, teilhalogenierten Fluorchlorkohlenwasserstoffe (H-FCKW 22, 123, 124, 132b) auf. Diese Substanzen werden derzeit als Alternativen zu den vollhalogenierten FCKW stark diskutiert: Teilhalogenierte FCKW werden zum Teil in der Troposphäre abgebaut, wobei aber noch nicht restlos geklärt ist, was mit den Abbauprodukten geschieht. So muß die Unschädlichkeit dieser Abbauprodukte in der Troposphäre noch genauer untersucht werden, der Beweis für ihre Harmlosigkeit ist noch nicht in befriedigendem Ausmaß gelungen.

Selbst wenn die Harmlosigkeit dieser Abbauprodukte in der Troposphäre erwiesen wäre, können die teilhalogenierten FCKW doch nicht als Dauerlösung angesehen werden, da sie dennoch ein ozonschädigendes Potential haben (ODP von 0,05 bei H-FCKW R 22 = CHF_2Cl). Zusätzlich haben die teilhalogenierten FCKW hohe Treibhauspotentiale. Jedes zusätzliche Schadstoffmolekül trägt zum massenhaften Ozonabbau bei und muß somit künftig verhindert werden. In den derzeit gültigen internationalen Abkommen sind die teilhalogenierten FCKW nicht geregelt, was eine künftige stärkere Verwendung voraussehen läßt.

ODP-Werte für verschiedene Stoffe

Stoff	Formel	ODP
R 11	$CFCl_3$	1,0
R 12	CF_2Cl_2	1,0
R 113	$C_2F_3Cl_3$	0,8
R 114	$C_2F_4Cl_2$	1,0
R 115	C_2F_5Cl	0,6
R 22	CHF_2Cl	0,05
R 123	$C_2HF_3Cl_2$	0,01
R 124	C_2HF_4Cl	0,02
R 125	C_2HF_5	0
R 134a	$C_2H_2F_4$	0
R 141b	$C_2H_3FCl_2$	0,09
R 142b	$C_2H_3F_2Cl$	0,06
R 143a	$C_2H_3F_3$	0
R 152a	$C_2H_4F_2$	0
1,1,1-Trichlorethan	$C_2H_3Cl_3$	0,14
Tetrachlormethan	CCl_4	1,2
Halon 1301	CF_3Br	10,0
Halon 1211	CF_2BrCl	3,0
Halon 2402	$C_2F_4Br_2$	6,0

Quelle: Umweltbundesamt, Berichte 7/89, Seite 24

Zusammenfassung

Die Ozonhülle unserer Atmosphäre ist dünn. Berechnet auf Meeresniveau wäre sie im Durchschnitt nur drei Millimeter dick, wobei die Stärke zwischen zwei und fünf Millimeter schwankt. Gemessen wird die Ozonsäule in Dobson (Units) DU: 1 mm Ozonsäule = 100 DU. Von der gesamten Ozonmenge befinden sich 90 Prozent in der Stratosphäre.
Ozon ist ebenfalls einem Kreislauf von Bildung und Zerstörung unterworfen. In der hohen Atmosphäre wird dieser Kreislauf vor allem durch das Sonnenlicht gesteuert, im unteren und mittleren Stratosphä-

renbereich kommen Abbauprozesse durch chemische Verbindungen hinzu. Substanzen, die in der Troposphäre stabil sind, werden in der Stratosphäre durch energiereiches Licht gespalten, so daß Atome und Radikale frei werden, die das Ozon angreifen. Am wichtigsten sind in diesem Zusammenhang Chlor- und Bromatome und deren Radikale. Diese Radikale funktionieren als Katalysatoren, das heißt, sie nehmen an chemischen Prozessen teil, gehen aber am Schluß unverändert aus dem Ablauf hervor und können in neue Prozesse eintreten. Der gleiche chemische Prozeß kann durch ein und dasselbe Atom oder Radikal bis zu hunderttausendmal in Gang gesetzt werden. Dadurch können Spurensubstanzen, die in sehr niedrigen Konzentrationen auftreten, große Wirkung zeigen. Die Chlor- und Bromverbindungen in der Stratosphäre stammen zum überwiegenden Teil aus anthropogenen Quellen. Es sind dies Fluorchlorkohlenwasserstoffe und Halone. Auch Stickoxide und Kohlenwasserstoffe tragen in größeren Höhen zum Ozonabbau bei. Der Ablauf ist im Prinzip immer der gleiche. Ein Radikal oder Atom verbindet sich mit einem Ozonmolekül O_3 und spaltet es in ein Sauerstoffmolekül O_2 und atomaren Sauerstoff O, wobei das frei werdende Sauerstoffatom weiterreagiert. So verschwinden laufend Ozon und der für die Bildung von Ozon notwendige atomare Sauerstoff. Die Chlor- und Bromverbindungen in der Stratosphäre nehmen ständig zu. Die einzelnen Substanzen haben verschiedene Zerstörungspotentiale. Dieses Potential wird in ODP (ozone depleting potential) gemessen, wobei das häufigste FCKW R 11 den Wert 1 erhält. Besonders hohe ODP-Werte von mehr als 1 haben bromhaltige Halone. Hohe ODP-Werte von 0,1 bis 1 oder etwas darüber haben die FCKW R 11, 12, 113, 114, 115 sowie Tetrachlorkohlenstoff und 1,1,1-Trichlorethan. Niedrigere, aber in Summe doch merkbare ODP-Werte haben teilhalogenierte FCKW. Auch sie können nicht dauerhaft als Alternative zu den FCKW angesehen werden, weil ihr ODP noch immer hoch genug ist, um Dauerschäden in der Stratosphäre anzurichten.

Wie kommt das Chlor in die Luft?

Der natürliche Chlorgehalt der Stratosphäre beträgt 0,6 ppb. Woher kommt dieses Chlor? Es kommt aus dem Meer, wo Algen organische Halogenverbindungen produzieren, vor allem Methylchlorid (CH_3Cl), und es kommt von Vulkanausbrüchen, die große Mengen an Materie, darunter auch beträchtliche Mengen an Chlorverbindungen, bis in stratosphärische Höhen schleudern können. Auf diese Chlormengen hat sich das stratosphärische Gleichgewicht seit jeher eingestellt gehabt und einen Gleichgewichtszustand bei 0,6 ppb erreicht. Unter Berücksichtigung aller bisher von Menschen geschaffenen Chlorverbindungen, auch jenen, die die Stratosphäre noch nicht erreicht haben, kommen wir derzeit auf einen Wert von 3,3 – 3,5 ppb, einen Wert, der mehr als das Fünffache des natürlichen Vorkommens beträgt. Selbst bei sofortigem Stopp des ozonschädigenden Teiles der Chlorchemie, die ja auf der Erde auch noch anderes Unheil verursacht, würde die Chlorkonzentration in den nächsten Jahren in der Stratosphäre steigen und erst nach Mitte des kommenden Jahrhunderts wieder auf den ursprünglichen Wert fallen (Mégie). Andere Prognosen sagen voraus, daß das natürliche Chlorniveau, wenn überhaupt, erst im 22. Jahrhundert erreichbar sein wird.
Die bedeutendsten von Menschen erzeugten Chlor- und Bromquellen stammen aus FCKW, den Fluorchlorkohlenwasserstoffen, und aus Halonen.

FCKW – Stoffe mit fast idealen Eigenschaften

Die chemischen Eigenschaften der FCKW wurden anfangs als nahezu ideal eingeschätzt: Die FCKW sind nicht entflammbar, thermisch und chemisch weitgehend stabil, mischbar mit Wasser und Öl, nur schwach giftig, haben gute Löseeigenschaften, was sie zu idealen Lösungsmitteln macht, und sind mit vielen Werkstoffen verträglich. Diese erwünschten Eigenschaften zogen bald eine vielfältige Verwendung auch außerhalb des Einsatzes als Kühlmittel nach sich. FCKW und Halone werden als Aerosole in Spraydosen, als Schäumemittel, als Feuerlöschmittel, Lösungsmittel und als Medium in Kühlschränken, Kühlanlagen sowie in Klimaanlagen verwendet.

Allerdings erweist sich nun dieser positive Eigenschaftskatalog als Bumerang, weil damit eine fast unbeschränkte Lebensdauer verbunden ist, die es ermöglicht, den jahrelangen Weg der FCKW-Moleküle von der Erdoberfläche in die Stratosphäre zu überstehen. Alternativstoffe mit gleichen chemisch-physikalischen Eigenschaften, die man ganz einfach statt FCKW verwenden könnte, ohne Produktionsanlagen und Anwendertechnik umgestalten zu müssen, gibt es nicht, oder nur sehr eingeschränkt. Nur in wenigen Bereichen ist eine problemlose Umstellung möglich.

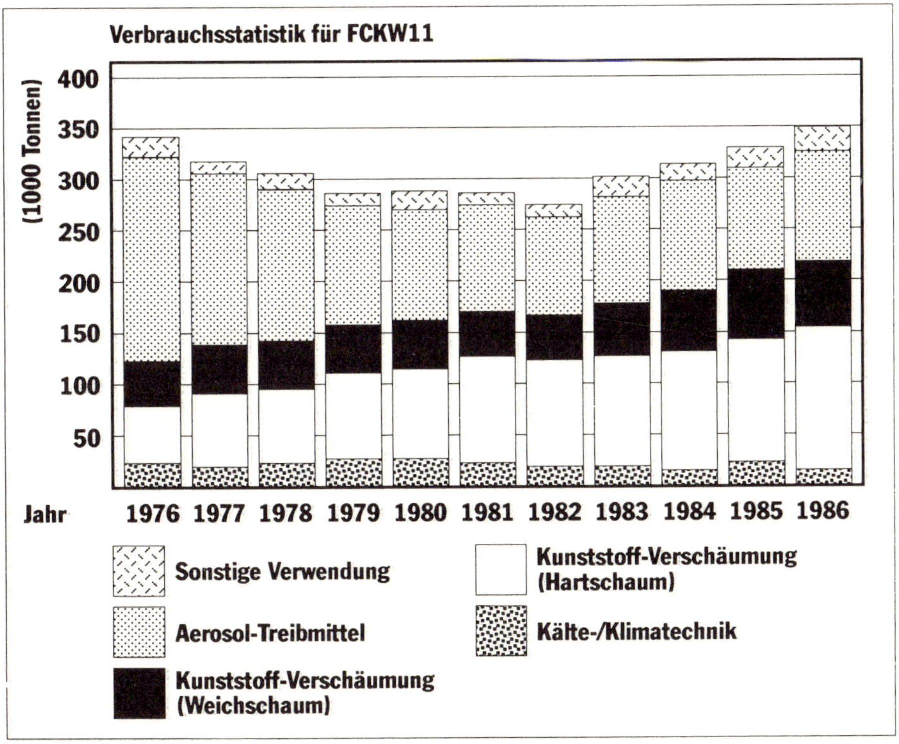

Weltweit verkaufte FCKW 11-Mengen in den Jahren 1976 bis 1986, aufgeschlüsselt nach Anwendungsgebieten.
nach: Enquete-Kommission, siehe Literaturverzeichnis

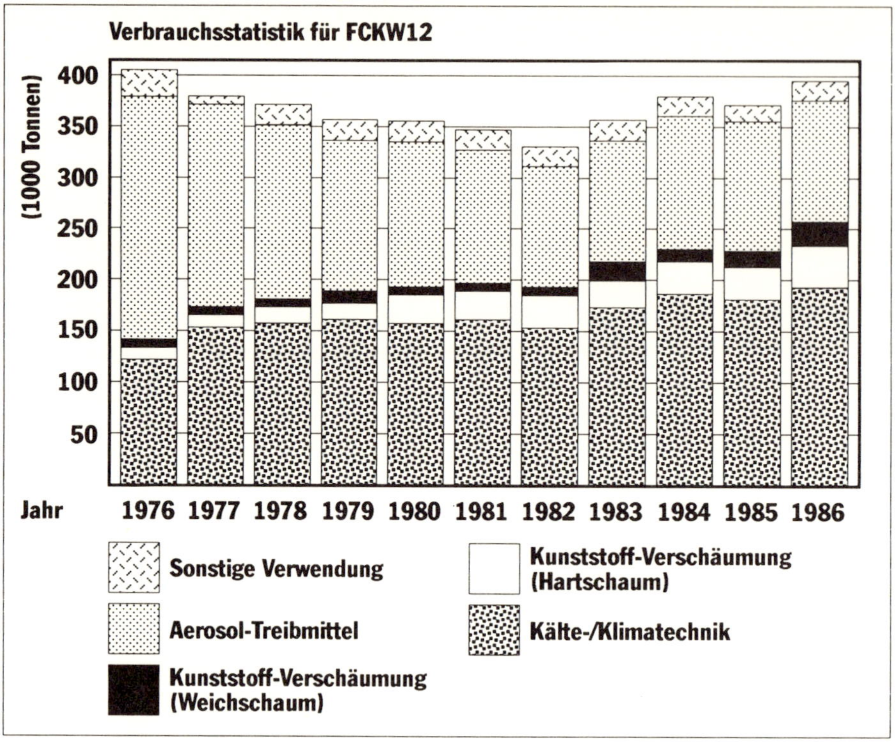

Weltweit verkaufte FCKW 12-Mengen in den Jahren 1976 bis 1986, aufgeschlüsselt nach Anwendungsgebieten.
nach: Enquete-Kommission, siehe Literaturverzeichnis

Vom Kältemittel zum universellen Einsatz

Die Chemie organischer Halogenkohlenwasserstoffe begann erst relativ spät, zu Beginn des 20. Jahrhunderts. Im Jahre 1929 entdeckten Mitarbeiter von General Motors die beiden Fluorchlorkohlenwasserstoffe R 11 und R 12, die vorerst nur als Kältemittel angesehen wurden. Seit 1930 wurden diese Substanzen dann im industriellen Maßstab hergestellt.

Den großen Boom erlebten die FCKW aber nach dem 2. Weltkrieg. Die jährlichen Steigerungsraten betrugen im Schnitt 13 Prozent und machten allein für die gängigsten FCKW, die Typen R 11 und R 12,

Produzenten von Fluorchlorkohlenwasserstoffen (FCKW), Stand 1989

Land, Handelsname	Produzent
Frankreich	
Flugene	Pechiney-Saint Gobain S.A.
Forane	Ugine
	Atochem, Atochem (Spain)
Bundesrepublik Deutschland	
Frigen	Hoechst AG, Hoechst Iberia SA, Hoechst do Brasil
Kaltron	Kali-Chemie AG, Kali-Chemie
–	Iberia SA
Deutsche Demokratische Republik	
Frigedohn	Fluorwerke Dohna
Fridohna	VEB Chemiewerk Nunchritz
Italien	
Algofren	Montecatini
–	Montefluos Spa
Japan	
Asahiflon	Asahi Glass
Daiflon	Daikin Kogyo
Flon	Mitsui Fluorochemicals
Großbritannien	
Arcton	Imperial Chemical Industries
Isecon	Imperial Smelting
–	ISC Chemicals Ltd.
USA	
Freon	E.I. Du Pont de Nemours
Genetron	Allied Chemical Corporation
Isotron	Pennwalt Corporation
Ucon	Union Carbide Corporation
–	Racon Inc.
–	Kaiser Aluminum & Chem. Co.
UdSSR	
Eskimon	–
Khladon	–

Quelle: Enquete-Kommission, Seite 178

im Jahr 1974 weltweit mehr als 800.000 Tonnen aus. Die Produktion in den ehemaligen Ostblockländern, einschließlich der ehemaligen UdSSR, ist hierbei noch nicht berücksichtigt. 1974 hat sich die Produktion der FCKW auf diesem hohen Niveau vorerst stabilisiert und ist in den 80er Jahren wieder massiv gestiegen. Der verminderte Einsatz von FCKW in Spraydosen ist durch vermehrten Gebrauch als Kältemittel weitgehend kompensiert worden. Von der Enquete-Kommission wird sogar vermutet, daß Chlor- und Fluormengen, die bei anderen chemischen Produktionsprozessen anfallen, über die Herstellung von FCKW »entsorgt« werden.
1989 betrug der Weltverbrauch an FCKW 1,1 Millionen Tonnen (Hoechst). Dazu kommen noch 12.000 bis 13.000 Tonnen bromhaltige Halone jährlich.

Der Nummerncode für FCKW und Halone

Die international gebräuchliche Nummernformel gibt an, welche Bestandteile im jeweiligen FCKW-Molekül vorhanden sind.
Man kann bei einiger Übung sofort feststellen, aus welchen Atomen sich die jeweilige Substanz zusammensetzt. Die Schreibweise ist an sich unlogisch. Die Formel muß von rechts nach links gelesen werden. Die erste Ziffer von rechts gibt die Zahl der Fluoratome an. Die zweite Ziffer ist die um eins erhöhte Zahl der Wasserstoffatome. Beträgt diese Zahl eins, dann enthält das FCKW also kein Wasserstoffatom. Die dritte Zahl von rechts gibt die um eins verminderte Zahl der Kohlenstoffatome an. Fehlt diese dritte Zahl, ist sie somit gleich null, so heißt dies, das FCKW enthält ein Kohlenstoffatom. Die Zahl der Chloratome ist nicht angegeben und muß errechnet werden: Gesättigte Kohlenwasserstoffe enthalten bei n Kohlenstoffatomen $(2n+2)$ Wasserstoffatome. Von diesen $(2n+2)$ Atomen müssen die angegebenen Wasserstoff- und Fluoratome abgezogen werden, um die Zahl der Chloratome zu erhalten. Dieses recht komplizierte System ist am besten an Hand eines Beispiels zu erläutern.
Betrachten wir das FCKW 113. Die rechte Zahl gibt die Fluoratome an: drei. Die zweite Zahl von rechts ist die um eins erhöhte Zahl der Was-

serstoffatome: 1 – 1 = 0. Das FCKW 113 enthält also kein Wasserstoffatom. Die dritte Zahl von rechts gibt die um eins verminderte Zahl der Kohlenstoffatome an: 1 + 1 = 2. Das FCKW 113 enthält also zwei Kohlenstoffatome. Ein gesättigter Kohlenwasserstoff mit zwei Kohlenstoffatomen müßte (2n + 2) Wasserstoffatome enthalten, also 4 + 2 = 6 Wasserstoffatome. Da das FCKW 113 laut Nummernformel jedoch kein Wasserstoffatom enthält, müssen diese ersetzt worden sein. Wir haben drei Fluoratome, kein Wasserstoffatom, also müssen die noch verbleibenden drei Atome Chlor sein, und wir erhalten die Summenformel $C_2F_3Cl_3$.

Schema für die Kurzschreibweise der FCKW:

R 1 1 3

- 3 — Anzahl der Fluoratome
- 1 — Anzahl der Wasserstoffatome + 1
- 1 — Anzahl der Kohlenstoffatome – 1
- R — Refrigerant

Und hier das »Bild« dieser Verbindung:

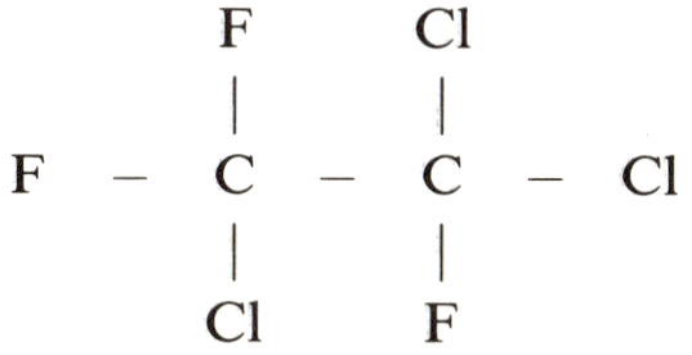

Anmerkung: Bei mehreren Möglichkeiten der Anordnung der Atome um das Kohlenstoff-Gerüst (isomere Verbindungen) erhält die symmetrischste diese Kurzform, den anderen Isomeren werden mit steigender Asymmetrie die Buchstaben a, b, c nachgestellt.

Statt FCKW wird bei chemischen Bezeichnungen oft auch der Buchstabe R verwendet. Eine mit R gekennzeichnete Substanz zeigt damit ihre Eigenschaft als Kühlmittel (Refrigerant) an. FCKW 11 ist daher mit R 11 ident. Eine Systematik der einzelnen FCKW finden Sie in folgender Grafik.

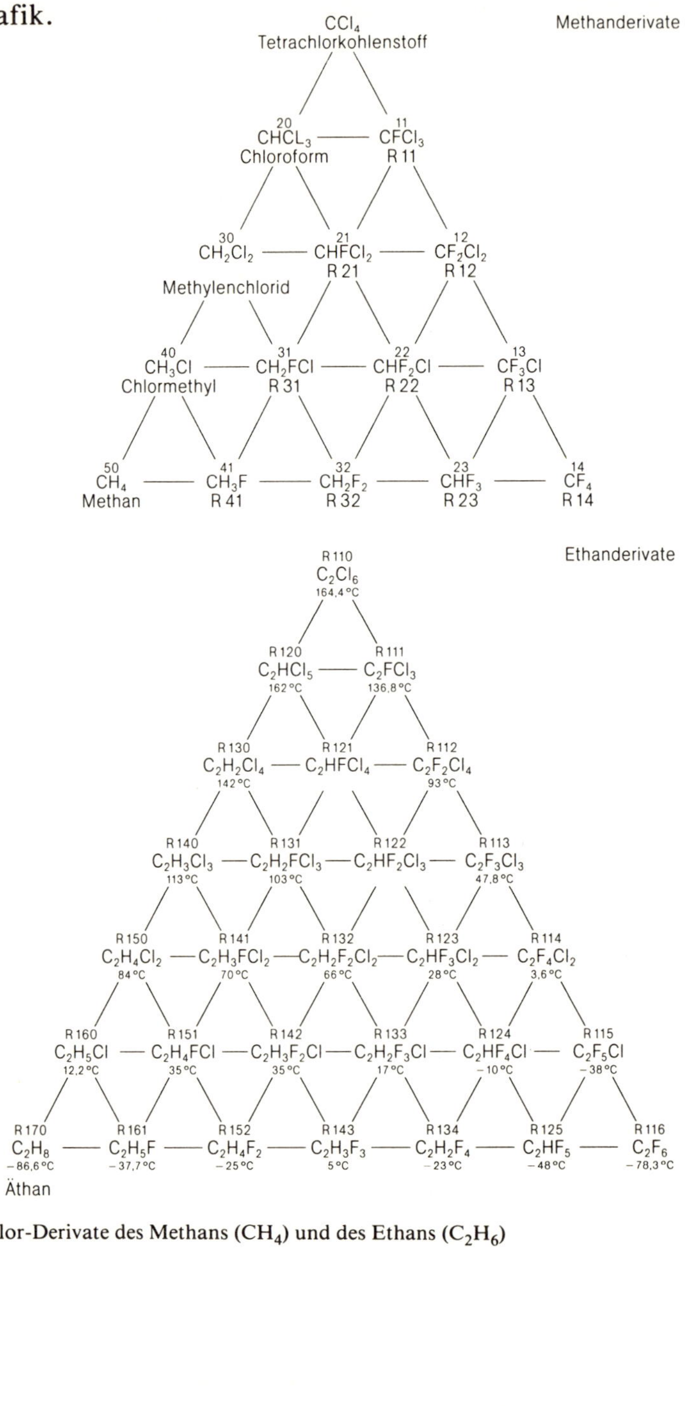

Fluor-Chlor-Derivate des Methans (CH_4) und des Ethans (C_2H_6)

Die bromhaltigen Abkömmlinge, die *Halone,* sind in diesem Schema nicht berücksichtigt, die Nomenklatur erfolgt jedoch ähnlich.

Schema für die Kurzschreibweise der Halone:

Halon 1 2 1 1

- 1 (vierte Ziffer): Anzahl der Bromatome
- 1 (dritte Ziffer): Anzahl der Chloratome
- 2 (zweite Ziffer): Anzahl der Fluoratome
- 1 (erste Ziffer): Anzahl der Kohlenstoffatome

Die gesamte Gruppe der FCKW und Halone wird auch mit dem Überbegriff *Halogenkohlenwasserstoffe* bezeichnet.

Prinzip der Herstellung von FCKW

Fluorchlorkohlenwasserstoffe werden aus Kohlenwasserstoffen, hauptsächlich Methan (CH_4) oder Ethan (C_2H_6), erzeugt, indem die Wasserstoffatome vollständig (=vollhalogenierte FCKW) oder teilweise (=teilhalogenierte FCKW) durch Fluor-, Brom- oder Chloratome ersetzt werden.
Das Schema soll am Beispiel der Herstellung des FCKW 113 erläutert werden. Der Ausgangsstoff hierfür ist das Ethan mit der chemischen Formel C_2H_6. Das Molekül sieht so aus:

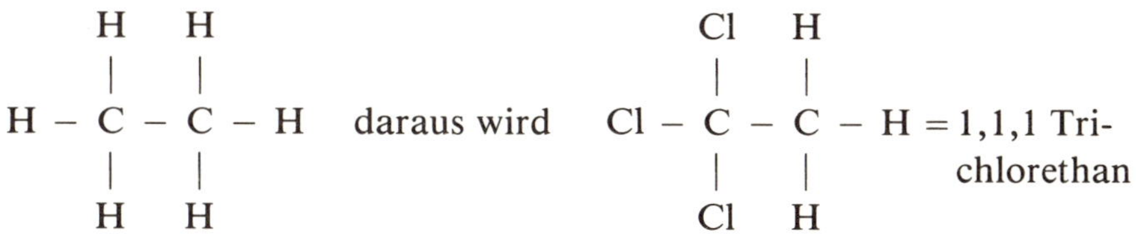

Aus dem chlorierten Kohlenwasserstoff 1,1,1 Trichlorethan wird durch Ersatz der Wasserstoffatome durch Fluoratome und Umbau des Moleküls das FCKW R 113.

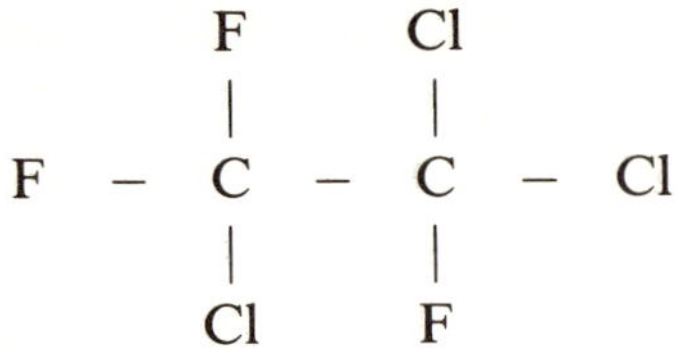 = R 113 oder Trichlortrifluorethan.

Anwendungsbeispiele und mögliche Alternativen

Aerosole

FCKW, die in Spraydosen verwendet werden, gehen zu 100 Prozent in die Atmosphäre, allerdings ist in diesem Bereich die Umstellung auf andere Treibmittel schon weitgehend vollzogen. Es waren vor allem die FCKW R 11, R 12, R 114 und R 115, die verwendet wurden, wobei beispielsweise in der BRD noch 1975 der Verbrauch an FCKW zu 80 Prozent auf Spraydosen entfiel. Als Ersatzstoffe für diese FCKW werden Propan/Butan und Dimethylether, aber auch Kohlendioxid (CO_2) und Lachgas (N_2O) sowie Stickstoff und Druckluft verwendet.
In vielen Fällen läßt sich auf Sprays überhaupt verzichten. So wird etwa im Kosmetikbereich derzeit verstärkt auf Pumpsysteme oder auf Rollersticks usw. umgestellt. Durch wenige Pumpbewegungen wird ein leichter Überdruck in der Spraydose erzeugt, der dann einen ebenso feinen Sprühnebel abgibt wie eine gasbetriebene Spraydose.
Im Haushaltsbereich gibt es fast keine Spraydosen mehr, die »harte« FCKW enthalten, und auch die teilhalogenierten FCKW sind am Verschwinden. Hier hat ein großer Bewußtseinsumschwung bei der Bevölkerung eine Änderung der Produkte herbeigeführt.
Im Pharmabereich werden nach wie vor FCKW in Sprays verwendet, doch werden auch hier Ersatzstoffe diskutiert. Probleme gibt es noch bei der Entsorgung von alten Dosen oder nicht gebrauchten Restposten, da noch kein befriedigendes Entsorgungskonzept vorhanden ist. Die Industrie bereitet allerdings Recycling-Projekte vor, die 1994/95 in Betrieb gehen sollen. Da die noch teilweise gefüllten Dosen später oft undicht werden und somit FCKW in die Luft entweichen, sind Mülldeponien für deren Entsorgung nicht geeignet.

Löse- und Reinigungsmittel

Das FCKW R 113 war in der Vergangenheit das Mittel der Wahl, denn es besitzt alle Eigenschaften, die an Lösemittel gestellt werden. Vor allem für die Oberflächenreinigung von Werkstücken, die einen hohen Reinheitsgrad aufweisen müssen, hat es sich gut durchgesetzt. Mit einem ODP-Wert von 0,8 ist das Ozonschädigungspotential aber sehr hoch. Verwendet wird R 113 in allen möglichen Reinigungsverfahren, von der offenen Wanne bis zu geschlossenen Anlagen mit Lösemittelrückgewinnung. Allein in der früheren Bundesrepublik Deutschland wurden nach Schätzung des Umweltbundesamtes (UBA) im Jahr 1987 36.000 Tonnen FCKW für diesen Zweck verbraucht. Diese Mengen werden weitgehend in die Luft emittiert. Den überwiegenden Anteil verbrauchte im Jahr 1982, als die letzte verläßliche Statistik veröffentlicht wurde, die Elektronikindustrie, die mit ihren Wachstumsraten den Verbrauch seither sicher noch erhöht hat und weiterhin erhöhen wird.

Eine Verminderung des Verbrauches ist durch mehrere Maßnahmen möglich:

1. organisatorische und prozeßtechnische Maßnahmen: geschlossene Anlagen und Lösemittelrückgewinnung;
2. wässrige Reinigungssysteme und Verwendung anderer organischer Lösungsmittel, die einen ODP-Wert von Null haben. Terpene aus Zitrusfrüchten oder Koniferennadeln können beispielsweise eingesetzt werden.

Damit könnte nach Ansicht des deutschen Umweltbundesamtes ein weitestgehender Ersatz der FCKW in diesem Bereich bis 1995 möglich sein. Aber nicht alle Produzenten und Vertreiber von FCKW sind dieser Ansicht (UBA-Bericht 7/89, S. 80).

Ein weiteres Anwendungsgebiet für FCKW liegt in der Chemischreinigung: Das früher verwendete Benzin ist in der chemischen Kleiderreinigung wegen seiner Brennbarkeit und der Explosionsgefahr durch *Perchlorethylen (Per)* und durch *R 113* ersetzt worden, wobei in den einzelnen Ländern das R 113 zu maximal 20 Prozent eingesetzt wird. R 113 wird vor allem bei Textilien eingesetzt, die mit der Pflegekennzeichnung »F« versehen sind.

Maßnahmen zur Verminderung:

1. Nicht immer ist die Kennzeichnung »F« notwendig.

2. Bauliche und betriebliche Maßnahmen, bessere Abdichtung der Reinigungsmaschinen.
3. Alternativen, etwa andere, ozonneutrale Kohlenwasserstoffe sind als Ersatz für die FCKW auch hier in Erprobung.

Da dieser Bereich schwer zu überwachen ist, plant man in Deutschland ein Verbot von FCKW in Chemischreinigungen bis 1995 (siehe Ausstiegstermine).

Kunststoffverschäumung

In der Schaumstoffherstellung werden vor allem FCKW R 11 und R 12 verwendet, da sie nicht entflammbar sind, als relativ ungiftig gelten und sich durch eine niedrige Wärmeleitfähigkeit auszeichnen, eine Eigenschaft, die bei Wärmeisolierungen von Bedeutung ist.
Es gibt indessen eine Anzahl von Treibmitteln, die nicht bzw. weniger ozonschädigend sind und auch bereits angewendet werden, darunter Stickstoff, Kohlendioxid und Kohlenwasserstoffe sowie Fluorkohlenwasserstoffe (FKW), z. B. das FKW R 134a. Bei den FKW ist aber ihr Treibhauspotential zu beachten.
Prinzipiell ist zwischen PUR-Weichschaum und PUR-Hartschaum (PUR = Polyurethan) sowie dem Polystyrolschaum zu unterscheiden.
Bei *PUR-Weichschaum* entweicht das Treibgas innerhalb kurzer Zeit aus den Zellen, es dient lediglich zum Aufblähen des Stoffes.
Bei *PUR-Hartschaum* hingegen bleibt das Treibgas in den Zellen, es entweicht also erst bei Zerstörung des Schaumes.
Die Schäume werden entweder als Blockschaum hergestellt, die dann auf die gewünschten Formen geschnitten oder gefräst werden, oder als Formschäume, wobei zur Reinigung der Formen Trennmittel notwendig werden; hierfür werden wiederum zum Teil FCKW verwendet. Die Treibgase diffundieren zum Teil bei der Herstellung und bei PUR-Weichschaum innerhalb eines Tages nach der Produktion aus den Kunststoffzellen. Diese entweichenden Gase können heute durch technische Maßnahmen schon zu einem beträchtlichen Teil aufgefangen werden; das wird aber erst in Pilotanlagen getestet. PUR-Hartschäume, die zu Isolationszwecken eingesetzt werden, enthalten auch heute noch zum größten Teil FCKW 11 mit einem ODP-Wert von 1, da Alternativprodukte mit gleicher Isolationswirkung größere Volumina benötigen.

Es liegt hier also ein beträchtliches Reservoir vor, das bei eingebauten Teilen in Gebäuden, Kühlanlagen usw. nur nach Zerstörung der Bauteile entsorgt werden könnte. Da jedes Material letztendlich zugrunde geht, werden diese Mengen irgendwann in die Atmosphäre gelangen.
Montageschäume, die in Treibgasdosen angeboten werden, zählen nur wegen der Verpackungsart zu den Aerosolen. Technisch und chemisch müssen sie jedoch wie Schäume angesehen werden. Diese Montageschäume haben inzwischen alle anderen Arten der Hohlraumfüllung am Bau ziemlich vom Markt verdrängt. In den Aerosoldosen werden vor allem R 11 und R 12 eingesetzt. Es kann aber gerade in diesem Bereich auf FCKW verzichtet werden, FCKW-freie Zwei-Komponenten-Schäume sind schon am Markt, verbesserte Produkte werden entwikkelt. Auch andere traditionelle Hohlraumfülltechniken können wieder vermehrt angewendet werden. Montageschäume mit R 22 sind wohl minder ozonschädigend, tragen aber trotzdem zum Ozonabbau bei. Man sollte auf Schäume aus Dosen also generell verzichten.
Bei *Polystyrol-Hartschäumen* muß zwischen dem unter dem Namen *»Styropor«* bekannten expandierten Polystyrolschaum *(EPS)* und dem extrudierten Polystyrolschaum *(XPS),* bekannt unter Styrofoam oder Styrodur, unterschieden werden.
Expandierter Polystyrolschaum wird ohne FCKW hergestellt, aber für extrudierten werden unter anderem R 11 und R 12 eingesetzt. Bedeutende XPS-Hersteller (Dow Chemikal und BASF) rüsten derzeit auf das teilhalogenierte FCKW 22 um, das aber immer noch, wie bereits mehrfach erwähnt, ein merkbares Schädigungspotential besitzt (UBA, Bericht 7/89).

Kältemittel

Der ursprüngliche Verwendungszweck der FCKW war ihr Einsatz als Medium bei Kühlanlagen. Bei der Erzeugung von Kälte kommen grundsätzlich zwei Verfahren in Frage: das Kompressionssystem und das Absorptionssystem.
Bei *Kompressionsmaschinen* wird in einem Verdichter ein gasförmiges Kältemittel auf höheren Druck gebracht und unter Wärmeabgabe verflüssigt. In einem Verdampfer geht dann das verflüssigte Medium wieder in den gasförmigen Zustand über, wobei Wärme aus der Umge-

bung aufgenommen wird. So kommt die Kälteerzeugung zustande. Das Gas wird dann wieder vom Verdichter angesaugt, das Geschehen beginnt von vorne, und der Kreislauf schließt sich. Als Kältemittel werden vor allem FCKW R 11, R 12, R 22, FCKW-Gemische und Ammoniak eingesetzt.

Bei *Absorptions-Kältemaschinen* ist ein Zweistoffgemisch (Kälte- und Absorptionsmittel) notwendig, dadurch ergeben sich auch zwei Kreisläufe:

1. Das Kältemittel wird im Austreiber durch Erhitzen in den gasförmigen Zustand und auf höheren Druck gebracht. Anschließend wird es im Verflüssiger unter Wärmeabgabe verflüssigt und schließlich im Verdampfer unter Wärmeaufnahme aus der Umgebung wieder in den gasförmigen Zustand übergeführt (Kälteerzeugung) und in den Absorber geleitet.
2. Das Absorptionsmittel (Lösemittel) bewegt sich zwischen Absorber und Austreiber.

Für diese Stoffgemische werden keine FCKW verwendet, sondern Ammoniak/Wasser und Lithiumbromid/Wasser.

Verdichter-Kältemaschinen arbeiten fast ausschließlich mit elektrischem Strom (Kompressor). Dagegen ist bei Absorber-Kältemaschinen der Einsatz von anderen Energiequellen möglich und auch sinnvoll.

Bei der Betrachtung von Kühlmittelkreisläufen muß auch noch berücksichtigt werden, ob das Kühlmittel in hermetisch geschlossenen Systemen zirkuliert, wie dies meist bei kleineren Haushaltsgeräten der Fall ist, oder ob das System mechanisch geöffnet werden kann. Solche mechanisch lösbaren Verbindungen finden sich vor allem bei Großanlagen für Industrie und Gewerbe, in Transportcontainern, Klimaanlagen oder Wärmepumpen —, und hier kommen auch die meisten FCKW-Emissionen vor.

Als Alternativen zu den FCKW werden derzeit verschiedene Modelle diskutiert. Zum einen versucht man, teilhalogenierte FCKW einzusetzen, etwa R 22, das aber nach wie vor ozonschädigend ist, oder das chlorfreie R 134a, ein Fluorkohlenwasserstoff, der jedoch ein beachtliches Treibhauspotential besitzt. Zum anderen wird der vermehrte Einsatz von Absorberkühlanlagen propagiert.

Bei hermetisch geschlossenen Kreisläufen tritt das FCKW-Problem erst bei der Entsorgung auf. Hier ist bei Kühlanlagen und Kühlschränken darauf zu achten, daß auch die Schaumstoffisolierung in die fachgerechte Entsorgung miteinbezogen wird. Die Isolierschäume enthalten bis zu viermal mehr FCKW als der Kühlmittelkreislauf! Man kann davon ausgehen, daß alle Kühlschränke, die in den nächsten Jahren ausgetauscht werden, noch mit R 12, einem »harten« FCKW, gefüllt und mit R 11 geschäumt sind. Die fachgerechte, emissionsfreie Entsorgung ist daher unabdingbar, andererseits aber organisatorisch und technisch aufwendig und daher teuer.

Die Firma BHS Entsorgungs Ges.m.b.H. in A-6833 Klaus in Vorarlberg (Österreich) entsorgt mit speziell konstruierten mobilen Einheiten Kühlschränke. Vereinfacht dargestellt, läuft die Entsorgung in zwei getrennten Schritten ab. Zuerst wird unter Vakuum aus dem Kühlmittelkreislauf das Kühlmittel abgesaugt und in Containern gesammelt. Im zweiten Schritt wird der von robusten Metallteilen und quecksilberhaltigen Schaltern befreite Kühlschrank bei Unterdruck mechanisch zerkleinert. Das zerkleinerte Gut wird separiert, und die Dämmstoffe werden anschließend vermahlen, wobei das Mahlgut derart zerkleinert wird, daß keine geschlossene Zelle übrig bleibt. Die entweichenden FCKW in der Abluft werden durch Aktivkohlefilter zurückgehalten. Es sind immer zwei Aktivkohlefilter im Einsatz, so daß sofort umgeschaltet werden kann, wenn ein Filter voll ist. Die vollen Filter werden durch Wärmebehandlung regeneriert und die FCKW verflüssigt. Diese FCKW kommen ebenfalls in Container und werden an die Produzenten zurückgestellt. Eine Wiederverwertung ist möglich. Auch das Mahlgut selbst wird wiederverwertet. Schmutzwasser und austretendes Öl werden in eigenen Auffangbecken gesammelt und durch Ölabscheider getrennt. Der Vorteil der mobilen Einheiten ist, daß die Sammelstellen angefahren werden und damit lange Transportwege für die ausgedienten Kühlschränke entfallen. Im Burgenland (Österreich) werden die Kühlschränke eines ganzen Bundeslandes auf diese Weise entsorgt. Der Entsorgungsbeitrag beträgt derzeit pro Kühlschrank öS 600.–. Die Tageskapazität von zwei mobilen Einheiten beträgt 500 Kühlschränke.

Große Probleme ergeben sich besonders bei Kühlanlagen, die keinen hermetisch geschlossenen Kreislauf besitzen. Zwei Drittel der verwendeten FCKW entfallen auf Nachfüllmengen, sie sind also vorher in die Atmosphäre entwichen. Die Emissionen entstehen bei Reparatur- und Wartungsarbeiten, bei Dichtigkeitsprüfungen und durch Leckagen. Aufgrund der geringen Giftigkeit wird mit den Kühlmitteln meist sehr sorglos umgegangen, sie werden einfach ausgeblasen. Weltweit sind in Kühlschränken, Kühl- und Klimaanlagen derzeit 320.000 Tonnen FCKW vorhanden, die ohne geordnete Entsorgung irgendwann einmal in die Atmosphäre gelangen.

Häufige Problemstoffe, Auswirkungen und Anwendungen
Quelle: UBA 7/89

Stoff	ODP	THP	Anwendung			
			LM	Sch	Kält	Aeros
FCKW (vollhalogenierte Fluor- chlorkohlenwasserstoffe)						
R 11	1,0	8.600	×	×	×	×
R 12	1,0	18.000		×	×	×
R 13	?	?			×	
R 112	?	?	×			
R 113	0,8	22.000	×		×	
R 114	1,0	?		×	×	×
R 115	0,6	?			×	×
H-FCKW (teilhalogenierte Fluor- chlorkohlenwasserstoffe)						
R 22	0,05	2.000		×	×	×
R 123	0,01	< 2.000		×	×	×
R 124	0,02	< 2.000			×	×
R 141b	0,09	< 2.000		×	×	×
R 142b	0,06	< 4.000		×	×	×
R 225ca	<0,08	?	×			
R 225cb	<0,08	?	×			
FKW (Fluorkohlenwasserstoffe)						
R 23	0,0	?			×	
R 125	0,0	< 4.000			×	
R 134a	0,0	< 2.000		×	×	×
R 143a	0,0	< 6.000			×	
R 152a	0,0	?			×	×

Stoff	ODP	THP	Anwendung			
			LM	Sch	Kält	Aeros
CKW (Chlorkohlenwasserstoffe)						
Trichlorethylen	?	?	×			
Perchlorethylen	?	?	×			
1,1,1-Trichlorethan	0,14	?	×			
CCl_4	1,2	?				
Halone						
1301	10	?			×	
1211	3	?				
2402	6	?				

ODP: Ozonzerstörungspotential im Vergleich zu FCKW R 11
THP: Treibhauspotential im Vergleich zu CO_2
LM: Verwendung als Lösungsmittel
Sch: Verwendung als Blähmittel in Schäumen
Kält: Verwendung in der Kühl- und Klimatechnik
Aeros: Verwendung als Treibmittel in Spraydosen

Zusammenfassung

Nach Ansicht des deutschen Umweltbundesamtes ist der Ausstieg aus FCKW und Halonen bis 1995 fast vollständig realisierbar, mit nur ganz wenigen, genau umschriebenen Ausnahmen. Wahrscheinlich sind selbst diese Ausnahmen bei einiger Anstrengung nicht notwendig.
Bei den Lösungsmitteln stehen derzeit schon ausreichende technische und stoffliche Alternativen zur Verfügung.
In der Schaumstoffherstellung ist der Ersatz von FCKW möglich, wenn bei Isoliermaterialien mit etwas größerer Isolierschichtdicke gearbeitet und kalkuliert wird. Viele geschäumte Verpackungsmaterialien enthalten unnötigerweise FCKW. In der Kältetechnik ist bei der Konstruktion von Neuanlagen bis 1995 auf FCKW und Mischungen mit FCKW zu verzichten. Auch für Altanlagen stehen Alternativen zur Verfügung. Besondere Beachtung muß künftig der Wartung und der Reparatur von Altanlagen geschenkt werden, damit nicht, wie bisher

üblich, die Kältemittel einfach ausgeblasen werden. Die fachgerechte Entsorgung von Haushaltskühlschränken ist heute schon möglich, wird aber noch nicht überall angewendet. Spraydosen werden heute schon weitgehend ohne FCKW angeboten. Auf andere Anwendungen, wie Fanfaren oder Kälteklammern bei Installateuren, könnte sofort verzichtet werden. Bei Fanfaren werden Sirenen mit Schalltrichter auf Dosen mit Treibmittel montiert. Kälteklammern werden von Installateuren auf wasserführende Rohre geklemmt. Durch die Kälte gefriert das Wasser und der Installateur kann ohne weiteres das Rohrstück zwischen den Klammern bearbeiten. Eine ökologische Alternative zu den Kälteklammern wäre, den Zufluß ganz einfach zu sperren.
Im Feuerlöschbereich stehen gute herkömmliche Alternativen zur Verfügung. Für besondere Anwendungen, die genau definiert werden müssen, reicht die derzeit vorhandene Halonmenge über Generationen, wenn die Verwaltung international verantwortungsbewußt betrieben wird *(Halon-Bank-Management).* Die Produktion von Halonen kann also sofort eingestellt werden. Für 1,1,1-Trichlorethan und Tetrachlorkohlenstoff gilt dasselbe wie bei den Lösungsmitteln. Es muß vermieden werden, daß diese Stoffe in Länder exportiert werden, die noch keine nationalen Beschränkungen beschlossen haben oder keinem internationalen Abkommen beigetreten sind.

Ozonschädigende Verbindungen ohne Chlor oder Brom

Distickstoffoxid oder Lachgas (N_2O)

Distickstoffoxid ist ein Produkt von Verbrennungsprozessen, es wird durch Katalysatoren bei Kfz nicht verringert, sondern eher gefördert. In der Troposphäre wird N_2O kaum abgebaut, es gelangt in die Stratosphäre, wo es im Höhenbereich zwischen 25 und 40 Kilometer zum Ozonabbau beiträgt. Die Effizienz ist allerdings etwa fünfmal geringer als die Effizienz von Chlor. Derzeit nehmen die N_2O-Konzentrationen in der Troposphäre um 0,2 – 0,3 Prozent pro Jahr zu (Enquete-Kommission).

Im tieferen Bereich der Stratosphäre können Stickoxide in Zusammenwirken mit Chlor den Ozonabbau bremsen.

Methan (CH_4)

Methan trägt in der Troposphäre zum Treibhauseffekt bei. In der Stratosphäre kann es im tieferen Bereich den Ozonabbau bremsen, da es Chlor in Salzsäure, HCl, binden kann. Dieses Chlordepot kann allerdings unter bestimmten Voraussetzungen während des polaren Winters wieder aufgebrochen werden, so daß die Chloratome frei und reaktionsfähig werden. Oberhalb von 45 Kilometer Höhe trägt Methan unmittelbar zum Ozonabbau bei. Die Methankonzentrationen in der Atmosphäre steigen wegen der vielfältigen Quellen (Landwirtschaft, Reisanbau, Industrie, Erdgasförderung, etc.).

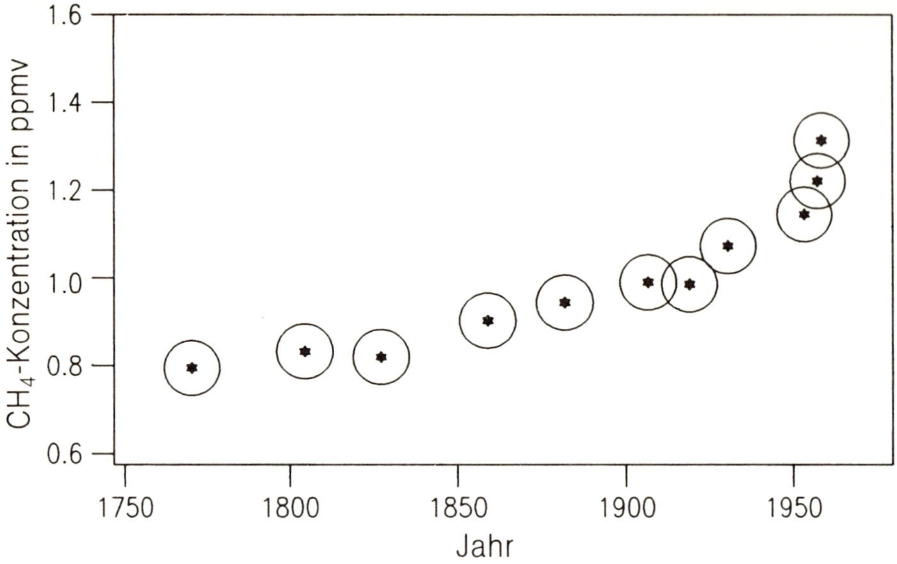

Historische Entwicklung der Methan-Konzentration (in ppmv) von 1750 bis 1970 (ppmv = der 10^{-6}te Volumenanteil)

Aerosole und Staub

Besonders durch Vulkanausbrüche können Staubwolken bis in stratosphärische Höhen gelangen. Wieweit solche Verunreinigungen unmittelbar zum Ozonabbau beitragen, ist noch nicht restlos erforscht. Man geht aber davon aus, daß auch hier ein Zerstörungspotential vorliegt. An der Oberfläche von Staubpartikeln können heterogene chemische Prozesse ablaufen, die ozonzerstörende Verbindungen freisetzen. Von *heterogener Chemie* spricht man dann, wenn Substanzen in verschiedenen Phasen (fest, flüssig, gasförmig) miteinander reagieren, in diesem Fall also eine feste Phase mit einer gasförmigen. Wasserdampf bildet gemeinsam mit anderen gasförmigen Bestandteilen der Stratosphäre unter sehr niedrigen Temperaturen stratosphärische Wolken, also gefrorene Kondensate, die sich um Aerosolpartikel sammeln. An und mit diesen Kondensaten können chemische Prozesse ablaufen, die aktives Chlor aus den Chlorreservoiren Chlornitrat ($ClONO_2$) und Salzsäure (HCl) freisetzen.

Spurengase und Treibhauseffekt

Natürlicher und künstlicher Treibhauseffekt

Die auf die Erdoberfläche treffende Sonnenenergie wird zum Teil wieder abgestrahlt. Wegen der relativ geringen Oberflächentemperatur der Erde geschieht die Abstrahlung vorwiegend im Infrarotbereich, also als Wärmestrahlung. Würde diese Abstrahlung nicht durch in der Atmosphäre befindliche Gase gebremst, hätten wir auf der Erdoberfläche Temperaturen um −20 °C. Ein Leben auf der Erde, wie wir es heute kennen, wäre unmöglich. Eine Durchschnittstemperatur von −20 °C herrscht in einer Höhe von sechs Kilometer; unterhalb davon befindet sich etwa die Hälfte der atmosphärischen Luftmassen. Nahe der Erdoberfläche beträgt die globale Durchschnittstemperatur +15 °C.
Alle Spurengase, Wasserdampf und Wolken sind in der Lage, Infrarotstrahlung zu absorbieren, können also Wärmestrahlung (=Infrarot) zurückhalten und tragen damit zu einer Temperaturerhöhung auf der Erdoberfläche bei.

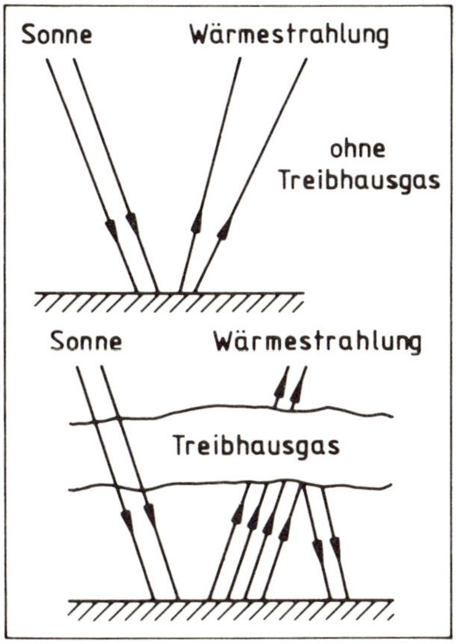

Schema der Wirkung eines Treibhausgases

Die in der Atmosphäre vorhandenen Gase führen zum *natürlichen Treibhauseffekt*. Dieser natürliche Treibhauseffekt ermöglicht also erst ein Leben auf der Erde. Die zusätzlich emittierten Gase bilden den künstlichen Treibhauseffekt.
Zu 50 Prozent wird der derzeit beobachtete zusätzliche Treibhauseffekt dem CO_2 zugeschrieben. Es wird daher in Zukunft notwendig sein, zum einen weltweit den Ausstoß an CO_2 zu verringern.

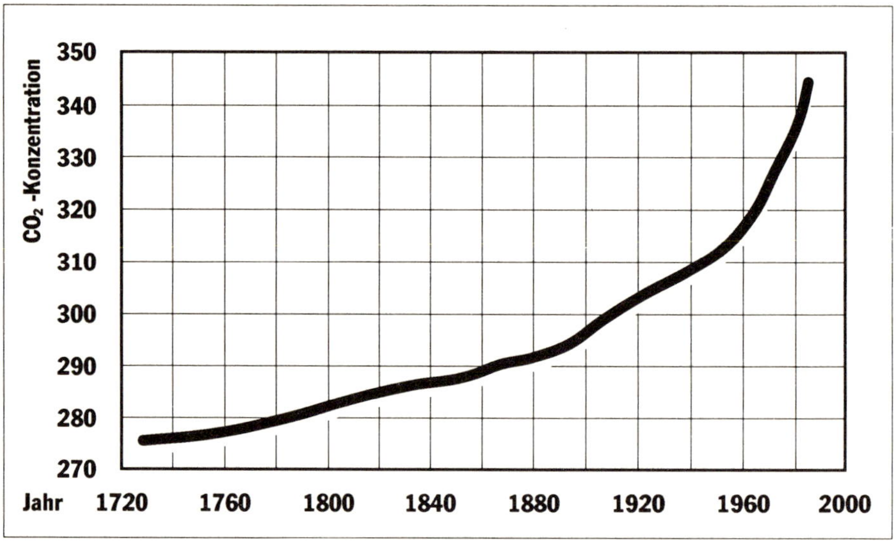

Atmosphärische CO_2-Konzentration (in ppm) der vergangenen zweihundert Jahre. Die Werte wurden an den Meßstationen in der Antarktis und auf Mauna Loa/Hawaii ermittelt.
nach: Enquete-Kommission, siehe Literaturverzeichnis

Jedoch sind auch die restlichen Spurengase für den zusätzlichen Treibhauseffekt verantwortlich. Noch nicht geklärt ist die Rolle, die Wasserdampf unter den geänderten Verhältnissen in der Troposphäre spielen wird. Hohe, dünne, durchscheinende Wolken tragen zum Treibhauseffekt bei, tiefe Wolken, die wenig Sonnenlicht durchlassen, kühlen die bodennahen Luftschichten ab. Wie sich aber der Wasserdampf verhalten wird, ist ungewiß.
Jedes Treibhausgas hat für sich typische Wellenlängenbereiche, in denen es Infrarotstrahlung absorbiert. Diese Absorptionsbanden sind für das CO_2 schon weitgehend gesättigt. Das heißt, die Möglichkeit für

jedes zusätzliche Molekül, in diesem Bereich noch Strahlung absorbieren zu können, ist eher gering. Die zusätzlichen Moleküle halten sich sozusagen „im Schatten“ schon vorhandener Moleküle auf.
Anders ist dies bei den übrigen Spurengasen Ozon, Distickstoffoxid, Methan, FCKW, H-FCKW, CKW, FKW. Diese Gase sind in viel geringerer Konzentration vorhanden als CO_2, haben jedoch ein größeres *Treibhauspotential.* Im Vergleich mit einem CO_2-Molekül hat ein Methanmolekül (CH_4) eine zweiunddreißigfache Wirkung, N_2O eine einhundertfünfzigfache Wirkung und bei FCKW ist die Wirkung sogar etwa fünfzehntausendmal so groß.
Die Strahlungsabsorption von FCKW ist deswegen so wirksam, weil FCKW im Spektrum der Infrarotstrahlung noch offene Fenster schließen, die von anderen Spurengasen nicht besetzt sind, und weil die Absorptionsbanden von FCKW noch bei weitem nicht gesättigt sind. Hier wirkt also jedes zusätzliche Molekül mit der vollen Stärke.
Auch troposphärisches Ozon trägt mit acht Prozent zum Treibhauseffekt bei, andere Schätzungen sprechen von zehn Prozent Anteil des Ozons am Treibhauseffekt.

Anteil der verschiedenen Treibhausgase am zusätzlichen Treibhauseffekt (nach Enquete-Kommission)

Treibhausgas	Abschätzung in Prozent
CO_2	50
CH_4 (Methan)	19
FCKW (hauptsächlich R 11, 12)	17
Ozon	8
N_2O (Lachgas)	4
stratosphärischer Wasserdampf	2
troposphärischer Wasserdampf	?

In dieser Liste sind die kommenden Alternativen zu den FCKW, vor allem H-FCKW und FKW, nicht gesondert berechnet. Ihre Wachstumsraten werden jedoch hoch eingeschätzt, und damit muß auch mit einem zusätzlichen Treibhauseffekt gerechnet werden. Vom gesamten Komplex Treibhauseffekt und Klimaänderung ist hier nur jener Teil herausgegriffen worden, der unmittelbar mit Substanzen zu tun hat, die auch stratosphärisches Ozon zerstören. Jedoch gibt es zahlreiche Rückkoppelungseffekte, die noch bei weitem nicht alle erforscht sind. Ein Beispiel dafür ist Wasserdampf.

Auswirkungen des Treibhauseffektes

Die bisher beobachteten Klimaanomalien sind alle noch innerhalb der natürlichen Klimaschwankungen angesiedelt. Jedoch ist bemerkenswert, daß

a) in der Arktis seit 1920 die Temperatur um +3 °C, im Winter sogar um +7 °C gestiegen ist;
b) die El-Niño-Ereignisse in den vergangenen Jahren immer größere Ausmaße angenommen haben. Durch das Aufquellen von kaltem und nährstoffreichem Tiefenwasser im Äquatorbereich des Pazifik, von der Küste Perus bis zur Datumsgrenze, kühlt dort die Meerestemperatur ab. Während eines El-Niño-Ereignisses findet dieses Aufquellen nicht oder nur sehr eingeschränkt statt. Die Folge sind um bis zu fünf Grad Celsius höhere Wassertemperaturen. Der Fischbestand sinkt rapide, da das wärmere Wasser viel weniger Plankton enthält. Das El-Niño-Ereignis hat aber nicht nur für die Fischer Perus katastrophale Auswirkungen, sondern macht sich im gesamten Klimahaushalt bemerkbar. Während El-Niño-Jahren steigt die Durchschnittstemperatur in den Tropen signifikant an;
c) die Dürreperiode in der Sahelzone seit 1968 ununterbrochen anhält;
d) die vier wärmsten Jahre seit 130 Jahren im vergangenen Jahrzehnt auftraten.

Bis zur zweiten Hälfte des kommenden Jahrhunderts wird nach allen bisherigen Klimamodellen mit einer Erwärmung der Erdoberfläche um durchschnittlich drei Grad Celsius und einer Zunahme der mittleren Niederschläge um zwei bis drei Prozent pro Grad Temperaturzunahme gerechnet. Da das Verhalten der Wolken, vor allem der Ort ihres Auftretens, ihr Flüssigwassergehalt und ihre Rückstreufähigkeit, derzeit nicht simuliert werden kann, reichen die Prognosen einer Temperaturzunahme von zwei bis fünf Grad Celsius. Damit erreicht man fast die Temperaturunterschiede, die zwischen Eiszeit und Warmzeit bestanden haben.

Die Temperaturzunahme wird regional unterschiedlich sein. Im Inneren der Kontinente wird sie überdurchschnittlich hoch sein, über Ozeanen mit einer starken Durchmischung des Wassers infolge von Stürmen am geringsten.

Die Landmasse der Nordhalbkugel besteht zu 25 Prozent aus *Permafrostböden.* Permafrostböden sind das ganze Jahr über gefroren, sie tauen in den Sommermonaten lediglich bis zu einer geringen Tiefe auf. In den Alpen treten Permafrostböden etwa ab einer Höhe von 2.500 Meter auf. Wenn sich nun die Frostgrenze nach Norden und in der Höhe verschiebt, werden große gefrorene Flächen auftauen, es werden Sümpfe entstehen, die wiederum große Mengen Methan emittieren. Dieses zusätzliche Methan wird weiter zum Treibhauseffekt beitragen.

Die Wettererscheinungen werden extremer werden. Stürme, Taifune, Sturmfluten und Naturkatastrophen werden sich häufen. Durch die Erwärmung der Ozeane wird der Meeresspiegel steigen, schon allein durch die Ausdehnung des Wassers infolge höherer Temperaturen. Um wertvolles Land zu retten, werden sündteure Schutzbauten notwendig sein.

Die Hungerzonen der Erde liegen in den semiariden Trockengebieten der Tropen und Subtropen. Hier können Verschiebungen der Regenzeiten und der Regenmengen zu weiteren Fruchtbarkeitsverlusten führen. Bei Erwärmung um zwei Grad Celsius und Abnahme der Niederschlagsmengen um zehn Prozent schrumpft die Wasserführung eines Flusses in einem mitteltrockenen Gebiet um 40 – 70 Prozent. In der Sahelzone hat seit Jahrzehnten eine systematische Niederschlagsabnahme um 20 Prozent dazu geführt, daß Millionen Menschen verhungert sind und 20 Millionen Menschen flüchten mußten.

Durch das Ansteigen des Meeresspiegels wird viel fruchtbares Land und viel Siedlungsgebiet verloren gehen, wobei z. B. Bangladesh oder Inselstaaten im Pazifik besonders gefährdet sind. Die Trinkwasservorkommen in Küstennähe werden gefährdet, weil Meerwasser über die Flußmündungen tiefer ins Land eindringt und Grundwasservorkommen verdirbt. Von den Auswirkungen sind somit vor allem jene Gebiete betroffen, die selbst am wenigsten zur Erwärmung der Erde beitragen.

Auch Mitteleuropa muß nicht zu den Gewinnern im Hasardspiel um das künftige Klima zählen. Es ist ausgesprochen fraglich, ob unser Wald den Temperaturschock überstehen wird. Für eine langsame Än-

derung und Umstellung hat der Wald aber nicht mehr genügend Zeit. Das heißt, die ausgewachsenen Bäume könnten absterben, und lediglich Busch und Gestrüpp könnten das neue Klima vertragen.
Allerdings sind alle Vorhersagen mit großen Unsicherheiten belastet, weil die Zusammenhänge zu komplex und die Wechselwirkungen zu vielschichtig sind, um geeignete Modelle konstruieren zu können. Diese Unsicherheit über Details der Auswirkungen des Treibhauseffektes führt auch unter einem Teil der Wissenschaft dazu, die künftigen Szenarios harmlos zu zeichnen. Das wiederum beeinflußt die Politik, die gerade beim Problem Treibhauseffekt äußerst zögernd vorgeht.
Hartmut Graßl, der geschäftsführende Direktor des Max-Planck-Institutes für Meteorologie in Hamburg, drängt in einem Artikel in der Wochenzeitung »Die Zeit« trotz bestehender Unsicherheiten zu raschen Maßnahmen: »Die verständliche und sicher weiter währende Unsicherheit bei der Angabe einer regionalen Klimaänderung macht alle, die nur zu verstärkter Forschung bei aufgeschobenen Maßnahmen zur Eindämmung des zusätzlichen Treibhauseffektes raten, zu Hasardeuren. Wenn, wie bisher, mehr Menschen das Lebensmodell der Industriegesellschaft übernehmen wollen, ohne durch die Abfallawine in Luft und Wasser alle anderen noch mehr zu gefährden, müssen zunächst alle Industrienationen mit der Devise ›weit weniger nicht erneuerbare Rohstoffe für die gleiche Dienstleistung‹ ernst machen und alle Schwellen- und Entwicklungsländer das Wachstum ihrer Bevölkerung bremsen. ... Ein wesentlicher Durchbruch in unserer Welt gelänge, wenn die schon teilweise empirisch belegbare Einsicht sich durchsetzte, daß langfristig die Abkehr von gefährlichen Technologien nicht nur das Leben erhält, sondern auch die Wirtschaft beflügelt.“ (Die Zeit, Nr. 19, 1. Mai 1992, S. 36)
Daß durch den Ozonverlust sowohl die Stratosphäre abkühlt als auch mehr energiereiche Strahlung im UV-Bereich die Erdoberfläche erreicht, steht fest. Wie weit dies auch auf den Treibhauseffekt Einfluß hat, ist noch nicht errechnet. Ein Einfluß muß jedoch als wahrscheinlich angesehen werden. Als gesichert gilt jedoch, daß der wichtigste Verbraucher von Kohlendioxid das Plankton des Meeres ist. Durch dieses Plankton wird etwa 60 Prozent des Kohlendioxids in der Atmosphäre gebunden. Wird nun dieses Plankton durch UV-Strahlung geschädigt und stirbt es in größeren Mengen ab, verringert sich damit auch die Kapazität des Meeres, Kohlendioxid aufzunehmen. Der CO_2-

Gehalt der Luft steigt, der Treibhauseffekt nimmt somit weiter zu. Ähnliche Koppelungen gibt es bei landgebundenen Pflanzen, deren Assimilationsfähigkeit ebenfalls durch UV-Licht gestört wird. Auch dadurch verringert sich die CO_2-Aufnahme der Pflanzen.

Zusammenfassung

Die in der Atmosphäre natürlich vorhandenen Spurengase, allen voran CO_2, bewirken, daß die von der Erde abgestrahlte Energie in Form von Infrarotstrahlung nicht in den Weltraum entweicht, sondern zum Teil aufgefangen wird. Ohne diesen natürlichen Treibhauseffekt hätten wir auf der Erde durchschnittliche Oberflächentemperaturen um −20 °C. Es gäbe nur gefrorenes Wasser. Durch menschliches Zutun werden die Spurengase aber vermehrt, so daß bis zur zweiten Hälfte des kommenden Jahrhunderts mit einer globalen Zunahme der Durchschnittstemperatur um drei Grad Celsius gerechnet wird; die Prognosen schwanken zwischen zwei und fünf Grad Celsius.
Etwa die Hälfte des zusätzlichen Treibhauseffektes wird dem vermehrten Ausstoß von CO_2 zugeschrieben, die andere Hälfte den übrigen Spurengasen, wobei Methan zu 19 Prozent, die FCKW etwa zu 17 Prozent und das bodennahe Ozon zu 8 Prozent dazu beitragen. Beim Treibhauseffekt wird wiederum mit Rückkoppelungsmechanismen gerechnet. Wenn sich die Oberflächentemperatur der Erde erhöht, werden große Teile der Permafrostböden auftauen, es werden Sümpfe entstehen, die Methan emittieren, das wiederum den Treibhauseffekt verstärkt. Der Treibhauseffekt könnte auch dadurch verstärkt werden, daß durch das fehlende Ozon in der Stratosphäre vermehrt energiereiche Strahlung bis in tiefere Luftschichten oder bis zur Erde vordringt und damit den Wärmehaushalt beeinflußt.
Die Erhöhung der durchschnittlichen Oberflächentemperatur der Erde hat vielfältige, zum Teil noch gar nicht richtig abschätzbare Auswirkungen. Es wird mit vermehrten Naturkatastrophen gerechnet, der Meeresspiegel steigt, schon allein durch die Ausdehnung des Wassers bei höheren Temperaturen, große innerkontinental gelegene Gebiete könnten versteppen, die Vegetationszonen werden sich verschieben.

Viele Tier- und Pflanzenarten werden die Umstellung nicht vertragen, menschliche Siedlungsräume an flachen Küsten werden im Meer versinken oder nur durch teure Schutzbauten zu retten sein. Es wird zu ökologisch bedingten Massenbewegungen in Richtung der verbliebenen fruchtbaren Zonen kommen. Der Wald in unseren Breiten könnte den Klimaschock nicht überstehen.
Im Detail sind alle Prognosen mit großen Unsicherheiten behaftet, jedoch weiß man heute genug, um Gegenmaßnahmen rechtfertigen zu können. Dennoch kommt die internationale Politik beim Thema Treibhauseffekt noch weniger voran als beim stratosphärischen Ozon. Die UNO-Umweltkonferenz in Rio im Juni 1992 ist dafür ein trauriger Beweis. Obwohl die Wissenschaft beeindruckende und bedrückende Daten vorwies, konnten sich die großen Industrienationen, vor allem die USA, zu keinen konkreten Maßnahmen entschließen. Es muß also auch hier erst etwas passieren, bevor etwas geschieht.

Ozonzerstörung in der gesamten Stratosphäre

Die Schichtdicke des Ozonmantels ist immer wieder natürlichen Schwankungen unterworfen, so daß die Gesamtabnahme des Ozons in der Stratosphäre nicht leicht zu ermitteln ist.
Unter Berücksichtigung der natürlichen Schwankungen hat, laut Enquete-Kommission, die Gesamtozonmenge auf der Nordhalbkugel im Bereich von 30° bis 64° geographischer Breite von 1969 bis 1986 um 1,7 bis 3 Prozent abgenommen. Dieser Schwund geht ganz oder teilweise auf den Anstieg von Spurengasen, vor allem auf FCKW, zurück. Modellrechnungen ergeben für die Stratosphäre in 40 Kilometer Höhe einen Ozonrückgang von vier bis neun Prozent aufgrund von Spurengasen und von ein bis drei Prozent infolge abnehmender Sonnenaktivität. Diese Werte werden durch Satellitenmessungen bestätigt und sind an und für sich schon dramatisch genug, erhöht doch ein Prozent Ozonverlust die Intensität der UV-Strahlung um das Doppelte und bedeutet wiederum ein Prozent mehr UV-Strahlung eine Zunahme der nicht melanomen Hautkrebsarten um 2,6 Prozent. Zusätzlich muß auch mit einem plötzlichen Kippen der Situation gerechnet werden, ähnlich wie über der Antarktis, wo ja aufgrund der bekannten chemischen Abläufe auch niemand mit dem plötzlichen Auftauchen eines Ozonloches gerechnet hat. Rückkoppelungsmechanismen sind auch über der Nordhalbkugel möglich, die dann rasant zu einem Prozeß ausarten können, der sich selbst aufschaukelt.
Unter Berücksichtigung der ODP-Werte und der produzierten Menge geht der Hauptanteil für die bisherige Ozonzerstörung zu Lasten von FCKW R 11 und R 12. Man schätzt, daß 70 Prozent des Ozonverlustes durch diese beiden Substanzen hervorgerufen worden sind. Zehn Prozent entfallen auf FCKW R 113 und der Rest auf andere Fluorchlorkohlenwasserstoffe und Halone. Besonders streng müssen künftig jene Substanzen überwacht werden, die durch internationale Abkommen nicht erfaßt werden und die derzeit als Alternativen stark im Gespräch sind, vor allem H-FCKW 22, ein teilhalogeniertes FCKW, dessen Produktion im Steigen begriffen ist.

Das antarktische Ozonloch

Die Tatsachen

Die drastische Abnahme des stratosphärischen Ozons über der Antarktis während der Frühlingsmonate kam für die gesamte Wissenschaft überraschend. Obwohl man mit den Abläufen der *homogenen Chemie* (alle Prozesse laufen in derselben Phase ab, also z. B.: nur unter gasförmigen Stoffen) in Zusammenhang mit Ozon schon bestens vertraut war, hatte niemand diese Entwicklung vorausgesehen. Die Überraschung war so groß, daß die ersten NASA-Meßdaten, die im Oktober 1979 ein Ozonloch anzeigten, als Meßfehler ausgeschieden wurden. Dazu kam das Faktum, daß die Daten im November 1979 wieder »normal« waren. Erst als auch andere Forscher, vor allem Japaner und Briten, auf ihren Bodeninstrumenten die Ozonabnahme bemerkten, wurden die beiseitegelegten NASA-Daten wieder hervorgeholt und neu interpretiert (Lötsch, mündliche Mitteilung). Nun wurde jedes Jahr im Oktober über der Antarktis eine deutliche Ozonabnahme registriert. Spätere Überprüfungen von Daten der antarktischen Bodenstationen ergaben, daß seit 1977 die Ozonschicht über der Antarktis während des Frühlings eine deutliche Abnahme zeigte (O. B. Toon und R. P. Turco in: Spektrum d. Wiss. 8/91). Bis dahin wurden im Oktober im Schnitt jeweils 280 bis 300 DU gemessen. 1982 waren es im Schnitt nur mehr 210 DU, 1984 sogar nur mehr 190 DU. Nun war es für die Wissenschaft an der Zeit, die Ergebnisse weltweit zu veröffentlichen. Eine ausreichende wissenschaftliche Erklärung hatte man jedoch nicht. Seither hat sich dieser Trend verstärkt, und im September/Oktober 1989 waren schon 70 Prozent des antarktischen Ozons verschwunden. Die ozonarme Luft breitet sich nun auch schon auf nördlichere Breiten aus und zeigt im Frühsommer über Neuseeland, Australien und der Südspitze Südamerikas schon deutliche Ozondefizite.

Die durch zahlreiche »Entwarnungen« etwas interesselos gewordene Wissenschaft und Wissenschaftspolitik, die ja über die Verteilung der Forschungsmittel bestimmt, nahmen sich ab 1985 wieder verstärkt der Ozonproblematik an.

Eine Grafik des deutschen Umweltbundesamtes zeigt die Veränderungen in der Prognose der Ozonzerstörung bei gleichen Ausgangswerten.

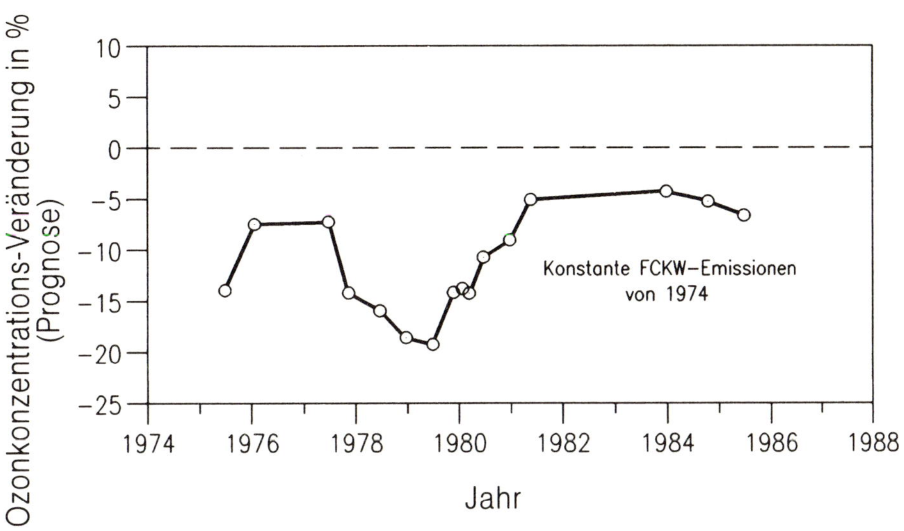

Aufgrund der FCKW-Emission von 1974 prognostizierte Ozonkonzentrations-Veränderungen, berechnet durch Modelle nach dem Kenntnisstand des angegebenen Jahres

Die Satellitenbilder, die in allen Zeitungen zu sehen waren und auch in diesem Buch verwendet werden, zeigen nur Momentaufnahmen eines höchst dynamischen Prozesses. Man müßte periodische Aufnahmen eines Monats im Zeitraffer beobachten, um sich von der Form und der Ausdehnung des antarktischen Ozonloches eine Vorstellung machen zu können. Ein heftiger Luftwirbel von West nach Ost dreht sich um den Südpol, wobei der Rand des Wirbels etwa beim 60sten Breitengrad liegt *(polarer Vortex)*. Dieser Wirbel mit Windgeschwindigkeiten bis zu 300 km/h bildet ein abgeschlossenes System, das keine wärmere Luft aus gemäßigten und tropischen Breiten eindringen läßt. Auch der Nordpol hat einen winterlichen Luftwirbel, der aber nicht so ausgeprägt ist. Daher liegen über der Arktis die winterlichen Temperaturen um etwa zehn Grad höher als über der Antarktis. In diesem antarktischen Wirbel macht sich das Ozonloch breit. Gegen Anfang November, also eineinhalb Monate nach Frühlingsbeginn auf der Südhalbkugel, werden durch die Sonneneinstrahlung die Windgeschwindigkeiten gebremst, der Wirbel löst sich auf, und es gelangen Luftmassen aus gemäßigten Breiten in den antarktischen Raum, die vermehrt Ozon mit sich führen. Die Luftmassen in der Stratosphäre vermischen sich. Das Satellitenbild gleicht wieder den gewohnten Aufnahmen. Obwohl früher ein Zweijahresrhythmus festgestellt wurde, nimmt seit 1985 das

Ozonloch jedes Jahr an Mächtigkeit zu. Das heißt, der Einfluß des Menschen hat die natürliche Dynamik bereits überlagert. Das antarktische Ozonloch wirkt jährlich wie eine Pumpe. Im Frühjahr wird aus der Luft das Ozon entfernt, und dann wird diese ozonarme Luft mit den übrigen Luftmassen gemischt. Somit sinkt der Ozongehalt der gesamten weiteren Umgebung. Diese Defizite können im Sommer und im Herbst nicht mehr aufgeholt werden.
Der südpolare Wirbel ist das Ergebnis der Kontinentalverteilung: Der antarktische Kontinent bildet eine fast kreisförmige Landmasse mit dem Südpol als Mittelpunkt. Hier herrschen konstante Luftdruckverhältnisse, im Gegensatz zum Nordpol, wo sich Land und Meer abwechseln und die Zonen hohen und niedrigen Drucks nebeneinander liegen. Über der Arktis bildet sich kein so abgeschlossenes Wirbelsystem aus, weil die Luftdruckverhältnisse wegen der uneinheitlichen Land- und Ozeanmassen viel stärker wechseln und daher die Temperaturen höher liegen. Daher ist hier noch kein Ozonloch vergleichbarer Größe aufgetreten. Doch die gestiegene Konzentration an Chlor über der Arktis läßt für die nahe Zukunft ebenfalls eine drastische Ozonabnahme in den Frühlingsmonaten befürchten. Deutliche Ozonverluste von 20 Prozent werden bereits jetzt registriert.

Erklärungsversuche

Eine Abnahme der Ozonschicht über der Antarktis von 0,6 bis 1 Prozent pro Tag (!), wie sie bei der Bildung des Ozonloches beobachtet worden war, konnte mit keiner der herkömmlichen Theorien erklärt werden. 0,6 bis 1 Prozent Abnahme pro Tag ist ein ungeheurer Wert, wenn man bedenkt, daß eine Ozonabnahme in der gesamten Stratosphäre von etwa 0,6 Prozent pro Jahr schon ein äußerst hoher Wert ist. Mit einem derartigen Kippen der Situation hatte niemand gerechnet.
Die neue Situation, vor die die Wissenschaft gestellt worden war, brachte vorerst eine Reihe von Theorien hervor. Alle Theorien, die das Ozonloch auf natürliche Ursachen, etwa Sonnenaktivität oder dynamische Prozesse, wie verstärkten Eintrag von ozonarmer troposphärischer Luft in die Stratosphäre, zurückführten, sind inzwischen verworfen worden. Trotzdem tauchen diese Theorien immer wieder auf, wie erst jüngst in einem eher fröhlich gehaltenen Buch, in dem das Ozon-

loch als »Auge in den Weltraum« bezeichnet wird, welches schon immer vorhanden war. Das Ozonloch hat seine Ursachen in Belastungen der Stratosphäre, die von Menschen ausgehen. Soviel steht jedenfalls fest. Schon allein die Tatsache, daß diese drastische Ozonabnahme früher nie beobachtet wurde, obwohl z. B. das Jahr 1972 besonders heftige Sonneneruptionen zeigte, weist darauf hin. Aber auch die bekannten Reaktionsabläufe reichten nicht aus, um das Ozonloch zu erklären.
Die meisten Chloratome sind in der unbelasteten Stratosphäre in Salzsäure HCl und Chlornitrat $ClONO_2$ gebunden. Beide Substanzen lassen das Ozon unberührt, falls sie nicht in Höhen über 40 Kilometer durch UV-Licht oder durch OH-Radikale aufgespalten werden. *Salzsäure* entsteht, wenn freies Chlor auf Methan trifft. Das *Chlornitrat* bildet sich, wenn sich Chlormonoxid (ClO) mit Stickstoffdioxid (NO_2) verbindet. Sowohl Methan als auch NO_2 sind häufig in der Stratosphäre anzutreffen. Die beiden Reservoirsubstanzen, Salzsäure und Chlornitrat, kommen in der Stratosphäre als Gase vor und bremsen den aktiven Chlorzyklus, der Ozon zerstört. Salzsäure (HCl) ist somit eine Senke für Chlor (»Auffangbecken«), sie sinkt in die Troposphäre als Niederschlag ab und entzieht damit der Stratosphäre Chloratome. Diese Depotbildung durch Stickoxide und die Bildung von Salzsäure durch Methan und Chloratome hat übrigens früher dazu geführt, daß aufgrund von Modellrechnungen die FCKW als unbedeutend für eine allfällige Ozonschädigung angesehen wurden. Ein großer Irrtum, wie man heute weiß!
Wie kann nun aus den Reservoirsubstanzen HCl und $ClONO_2$ aktives Chlor entstehen, und was hindert Stickoxide und Methan, das aktive Chlor neuerlich zu binden? Der derzeit schlüssigste Erklärungsversuch liegt in der Miteinbeziehung stratosphärischer Wolken.
Die Atmosphäre der Stratosphäre ist sehr trocken, der mittlere relative Wassergehalt beträgt ein Prozent. Trotzdem bilden sich auch dort Wolken, dafür sind allerdings extrem niedrige Temperaturen notwendig. Man unterscheidet drei Arten von Wolken. Die *Perlmutterwolken* entstehen, wenn sich stratosphärische Luft plötzlich abkühlt und Wasserdampf an Aerosolpartikeln kondensiert. Sie entstehen bei Temperaturen von unter −83 °C. Diese Wolken sind mit freiem Auge vom Boden aus zu beobachten. Über der Arktis treten diese Perlmutterwolken aufgrund der dort herrschenden, in Relation zur Antarktis höheren Temperatur, seltener auf.

Dennoch wurden auch über der Arktis ausgedehnte Wolkenformationen entdeckt. Diese bestehen jedoch nicht hauptsächlich aus Eis, sondern aus *Salpetersäuretrihydrat* (Salpetersäure zusammen mit drei Wassermolekülen $HNO_3 \cdot 3H_2O$). Die notwendigen Kondensationskeime sind Schwefelsäurepartikel, die durch menschliches Handeln entstehen und in die Stratosphäre verfrachtet werden oder die auch von Vulkanausbrüchen stammen können. Zur Bildung dieser Kristalle sind schon Temperaturen von -78 °C ausreichend, und deshalb sind sie auch über dem Nordpol zu finden. Eine dritte Art von Wolken, die seltener vorkommt, entsteht in weiterer Folge aus diesen Salpetersäuretrihydrat-Kristallen: Sinken die Temperaturen auf -83 °C, kondensiert an diesen Kristallen Wasser, und somit entstehen größere Kristalle. Diese sinken aufgrund ihrer Schwere relativ schnell als Schnee zu Boden. Auch dieser Niederschlag begünstigt den Ozonabbau, weil damit auch Substanzen, die den Abbau bremsen, aus der Stratosphäre entfernt werden.
Diese drei Typen von Stratosphärenwolken sind laut Bericht von Owen B. Toon und Richard P. Turco (Spektrum d. Wiss., 8/91, S. 42ff.) am raschen Ozonabbau während des antarktischen Frühlings beteiligt. Der rapide Ozonverlust vollzieht sich immer in Anwesenheit solcher Wolken, das zeigen die bisherigen Beobachtungen.
Eine Theorie geht davon aus, daß sich gasförmiges Chlornitrat $ClONO_2$ mit Salzsäure HCl, die in Eiswolken gebunden ist, sehr rasch verbindet, so daß Chlormoleküle (Cl_2) gebildet werden, die das Eis als Gas verlassen, während die entstandene Salpetersäure (HNO_3) und damit Stickoxid im Eis festgehalten wird. Beim Zusammentreffen von $ClONO_2$ mit reinen Eiskristallen entsteht als Gas die unterchlorige Säure HOCl. Gleichzeitig werden Stickoxide aus der Gasphase in Wolken (salpetersäurehältige Wolken) übergeführt. Die stratosphärischen Wolken bewirken also die Umwandlung des in Reservoiren gebundenen Chlors in aktive Formen, wobei immer wieder Wolken gebildet werden. Durch die Isolierung der polaren Luftmassen von der übrigen Atmosphäre während des winterlichen Wirbels kommt es zu einer Anreicherung von Cl_2- und HOCl-Molekülen. Im antarktischen Frühjahr, wenn die Sonne wieder erscheint, werden diese Moleküle durch UV-Licht aufgespalten, es entstehen aktive Chloratome, wobei das bereits erwähnte stratosphärische »Fenster« im Bereich zwischen 240 und 280 nm von Bedeutung ist. Energiereiches Licht mit dieser Wellenlänge

kann bis in die untere Stratosphäre, also bis auf eine Höhe von 20 Kilometer, vordringen, weil es zwischen der Absorption von molekularem Sauerstoff und dem Absorptionsmaximum von Ozon »durchschlüpft« und erst weit unten absorbiert wird. Die in den Wolken gelöste Salpetersäure (Stickoxide!) sinkt mit den Eiskristallen als Schnee in die Troposphäre ab, so daß damit jene Verbindungen verschwinden, die Chlor wieder in Rerservoirsubstanzen überführen könnten. Die Bremsen der Ozonzerstörung sind damit weitgehend beseitigt.
Eine andere Theorie geht davon aus, daß sowohl $ClONO_2$ als auch HCl als Gase an der Oberfläche von Kristallen der Wolken miteinander reagieren können, wobei Cl_2-Moleküle frei werden, die Stickoxide aber in den Wolken gebunden werden.
Beide Theorien kommen zum gleichen Ergebnis: Es entstehen reaktionsfreudige Chlormoleküle (Cl_2), die durch Lichteinwirkung in Chloratome gespalten werden und die aufgrund ihrer Verbindungsfreudigkeit sofort das Ozon angreifen.

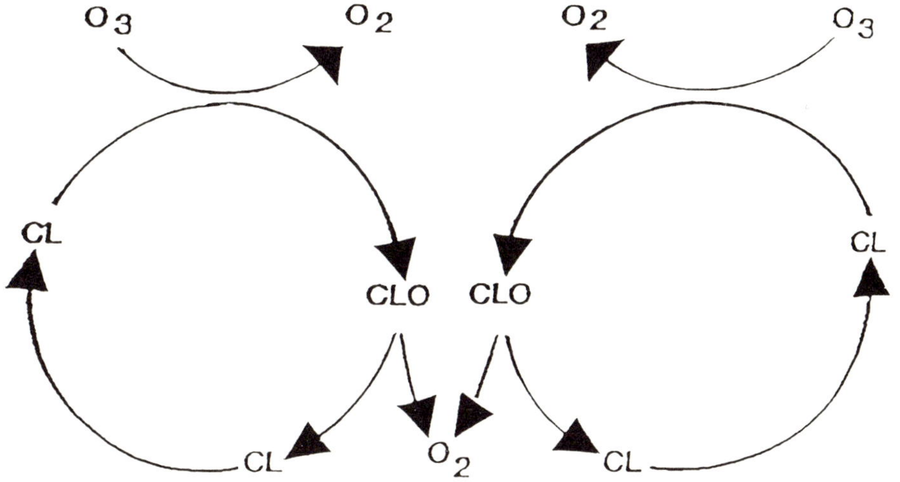

Schema der Ozonzerstörung durch Chlorradikale in der Stratosphäre
Dieser Prozeß hat u. a. auch Auswirkungen auf den Wärmehaushalt (Abkühlung) der Stratosphäre

Auf diese Weise entstehen hohe Konzentrationen an Chlormonoxid-Radikalen, und diese Moleküle neigen dazu, sich zum symmetrischen Dimer, dem ClOOCl, aneinanderzulagern. Durch Licht wird dieses Dimer aber asymmetrisch aufgespalten, wobei Sauerstoff und aktives Chlor entsteht, das sofort wieder mit Ozon reagiert. Der Kreislauf der Ozonzerstörung beginnt sich somit immer schneller zu drehen.

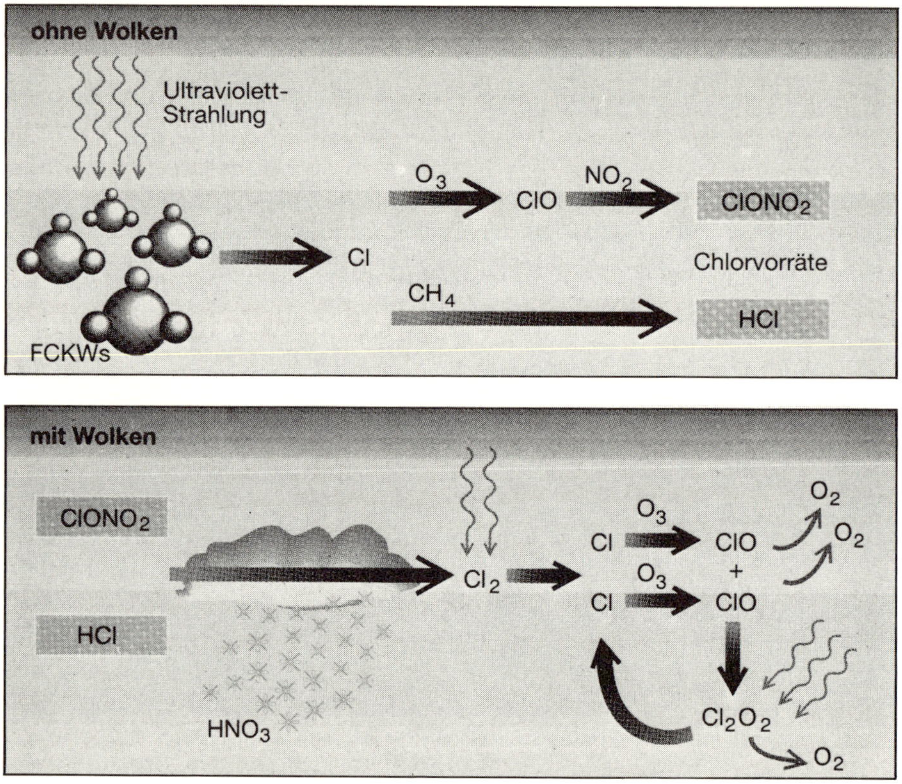

Die Rolle der Stratosphärenwolken beim Abbau des Ozons durch Chlor

Direktmessungen in der antarktischen Stratosphäre haben ergeben, daß im Zentrum des Ozonloches die Chlormonoxid-Konzentration bis zum Fünfhundertfachen höher ist als in der ungestörten Stratosphäre. Wie Gérard Mégie in seinem Buch ableitet, ist die Reaktionsgeschwindigkeit dieses katalytischen Zyklus proportional zum Quadrat (!) der ClO-Konzentration. Das erklärt die rapide Abnahme des Ozons während des antarktischen Frühlings von 0,6 bis 1 Prozent pro Tag (!). Nach Mégie könnte dies auch erklären, »weshalb sich die Ozonabnahme seit 1979 so brutal beschleunigt hat, nachdem der Gesamtgehalt an Chlor in der Stratosphäre den Wert von zwei Milliardstel überschritten hatte«. Offenbar bedeutet dieser Wert eine Schwelle.

Die Situation über dem Nordpol

Die Chlorbelastung der Stratosphäre ist über dem Nordpol ähnlich drastisch wie über dem Südpol. Durch die starken horizontalen Strömungen in der Stratosphäre, die wir schon früher erläutert haben, verteilen sich eingetragene Spurenstoffe nahezu gleichmäßig über dem gesamten Globus.
Über der Arktis ist aber die meteorologische und klimatische Situation wesentlich anders als über dem Südpol. Der *polare Vortex,* der Luftwirbel, der sich während des polaren Winters bildet, ist über dem Nordpol weit weniger ausgeprägt und wird immer wieder durch Warmluft aus südlicheren Zonen gestört. Außerdem löst sich dieser Vortex schon auf, lange bevor die Frühlingssonne den photolytischen Prozeß in Gang bringen kann. Die Temperaturen über dem Nordpol mit seiner uneinheitlichen geographischen Situation sind im Winter daher auch um etwa 10 °C höher als über der Antarktis. Das schränkt die stratosphärische Wolkenbildung stark ein, wenngleich auch über dem Nordpol stratosphärische Wolken beobachtet werden. Und die Wolken sind für die Bildung eines Ozonloches offenbar notwendig.

Also alles in Ordnung?

Man sollte sich nicht darauf verlassen, daß die Gefahr eines Ozonloches über dem Nordpol nicht gegeben ist. Zum einen sei an das antarktische Ozonloch erinnert, das sich niemand vorher vorstellen konnte und das offensichtlich nach Überschreiten eines nicht vorhergesagten Schwellenwertes von zwei ppb Chlorverbindungen explosionsartig aufgetreten ist. Ein ähnlicher Schwellenwert, vielleicht etwas höher, ist auch über dem Nordpol denkbar. Abgesehen vom schwächeren polaren Wirbel und der höheren Temperatur über dem Nordpol sind alle

Voraussetzungen gegeben, um auch über der nördlichen Hemisphäre jene Effekte auszulösen, die bereits jetzt in den Ländern näher zur Antarktis zu drastischen Einschränkungen für die Bevölkerung geführt haben.
Der ständige Ozonverlust in der gesamten Stratosphäre führt zu einer Verringerung der UV-Absorption und damit zu einer Abkühlung der Stratosphäre. Möglicherweise sinken auch über dem Nordpol die Temperaturen derart, daß mit vermehrter Wolkenbildung und einem beständigeren Vortex gerechnet werden muß. Dann wären jene Umstände gegeben, wie sie derzeit über dem Südpol schon herrschen.

Auswirkungen der Ozonzerstörung in der Stratosphäre

Die für uns augenscheinlichste Auswirkung der Ozonzerstörung auf die Ökosysteme der Erdoberfläche und der Meere liegt wohl in der Erhöhung der UV-Strahlung. Jedoch könnten durch den Ozonabbau auch in der Stratosphäre selbst Kettenreaktionen und Rückkoppelungseffekte in Gang gesetzt werden, die alle bisherigen Prognosen als zu optimistisch erscheinen lassen. Wird durch das Ozon in der Stratosphäre energiereiches UV-Licht absorbiert, so wandelt sich diese Energie in Wärme um. Daher herrscht im Bereich der Stratopause, also in 50 Kilometer Höhe, eine Temperatur von 0 °C. Vermindert sich nun das Ozon, so vermindert sich auch die Absorptionsrate und in der Folge die Energieansammlung in der Stratosphäre. Die Stratosphärentemperatur würde sinken. Dem Treibhauseffekt in der Troposphäre steht also eine Abkühlung von der Stratosphäre aufwärts gegenüber.

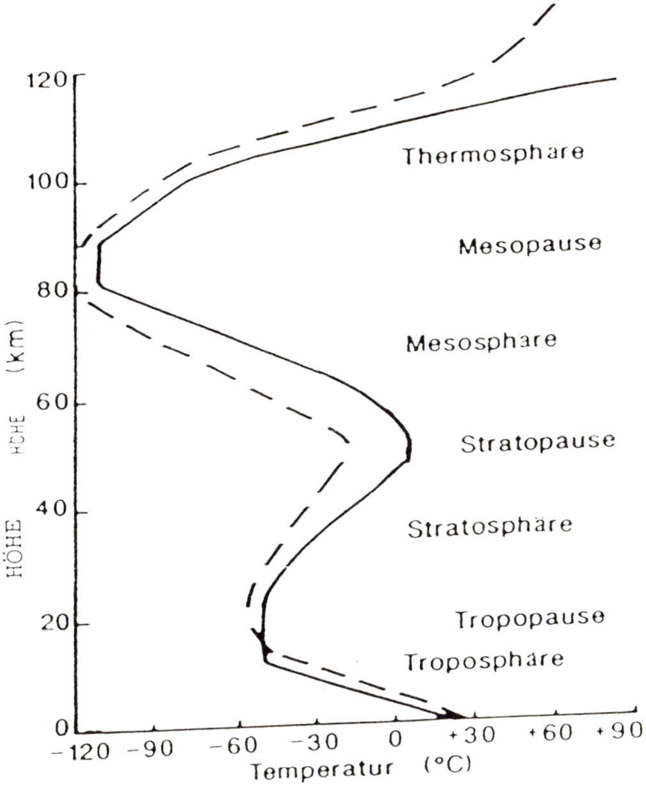

Modell zur Änderung des Temperaturverlaufes in der Atmosphäre mit der Höhe. »Ist-Zustand« (——); Wird-Zustand (– – –): Erwärmung in der Troposphäre, Abkühlung in der Strato-, Meso- und Thermosphäre.

Nun sind für die heterogenen chemischen Abläufe, die zur Bildung von Ozonlöchern führen, besonders tiefe Temperaturen notwendig, die sich innerhalb der polaren Wirbel bilden. Wenn sich diese Wirbel durch Sonnenlicht wieder erwärmen, werden sie gebremst und schließlich aufgelöst, so daß der rapide Ozonabbau gestoppt wird. Sinkt nun die Stratosphärentemperatur, so bleiben die Wirbel länger bestehen, damit auch die tiefen Temperaturen und als Konsequenz davon laufen die rapiden Ozonabnahmen über eine längere Zeit ab. Das Ergebnis: eine weit höhere Menge an zerstörtem Ozon. Die Faktoren längere Perioden mit tieferen Temperaturen und massiverer Ozonabbau sind also miteinander verbunden und verstärken einander. Auch aus diesem Grund wird die Bildung eines Ozonlochs in den unteren Stratosphärenschichten der Arktis künftig wahrscheinlicher.

Zusammenfassung

Würde man die gesamte Ozonmenge der Atmosphäre unter normalem Luftdruck auf Meeresniveau messen, bekäme man eine Ozonschicht von drei Millimeter Dicke. Die gesamte Atmosphäre unter diesen Verhältnissen gemessen, hätte eine Stärke von acht Kilometer. Die Höhe der Ozonsäule wird international in Dobson-Units (DU) angegeben, wobei gilt: 1 mm Ozonsäule = 100 DU. Die durchschnittliche Ozonmenge in der Atmosphäre beträgt demnach 300 DU.

Die Hauptmasse des Ozons befindet sich in der Stratosphäre, und da wiederum in den unteren Schichten zwischen 15 und 30 Kilometer Höhe. Der natürliche Ozonkreislauf wird durch Spurengase gestört, die von Menschen erzeugt und in die Atmosphäre entlassen werden. Von diesen Störungen ist die untere Atmosphärenschicht, wo sich das meiste Ozon aufhält, am stärksten betroffen.

Stabile Chlor- und Bromverbindungen, hauptsächlich FCKW und Halone, aber auch andere Chlorkohlenwasserstoffe, wie 1,1,1-Trichlorethan und Tetrachlorkohlenstoff, wandern in die Stratosphäre, wo sie durch UV-Licht gespalten werden, so daß Chlor- und Bromradikale frei werden, die mit Ozon reagieren und dieses abbauen. Der Abbauprozeß verläuft katalytisch, das heißt, die Chlor- und Bromradikale gehen aus dieser Reaktion wieder in ihrer ursprünglichen Form hervor und stehen für eine weitere Ozonzerstörung zur Verfügung. So können einzelne Moleküle bis zu 100.000 Mal mit Ozon reagieren, bevor sie in eine stabile Verbindung übergeführt werden. Auch Methan (CH_4) und Lachgas (N_2O), die beide in steigendem Maße erzeugt werden, tragen, allerdings erst in größeren Höhen, zum Ozonabbau bei.

Die verschiedenen von Menschen erzeugten Substanzen haben unterschiedliche Potentiale zur Ozonzerstörung, FCKW und Halone weisen besonders hohe Abbaupotentiale auf (ODP-Werte).

Über den gemäßigten Zonen hat die Gesamtozonmenge zwischen 1969 und 1986 um 1,7 bis 3 Prozent abgenommen. Diese Abnahme geht auf den Einfluß des Menschen zurück.

Eine besondere Situation ergibt sich während der polaren Winter, wenn beständige Luftwirbel (Vortex) zu einer starken Abkühlung der unteren Stratosphäre führen und verhindern, daß wärmere Luftmassen aus gemäßigten Breiten eindringen. Bei Temperaturen um -80 °C bil-

den sich Wolken verschiedener Art, an denen chemische Reaktionen ablaufen (heterogene Reaktionen), die zur radikalen Ozonzerstörung führen. Dabei reagieren an sich stabile Chlorverbindungen wie Chlornitrat ($ClONO_2$) und Salzsäure (HCl) untereinander und setzen Chlormoleküle Cl_2 frei, die mit Ozon zu Chlormonoxid-Radikalen reagieren. Diese dimerisieren anschließend zu ClOOCl, welches jedoch durch UV-Licht asymmetrisch zu molekularem Sauerstoff (O_2) und aktivem Chlor (Cl·) aufgespalten wird. Diese Chlorradikale reagieren wieder in bekannter Weise mit Ozon, und der Kreislauf beginnt erneut (katalytische Reaktion). Für den rapiden Ozonabbau sind tiefe Temperaturen notwendig, da nur dann diese stratosphärischen Wolken gebildet werden können. Mit dem Ozonverlust ist eine Abkühlung der Stratosphäre verbunden, was wiederum zur Verlängerung der Kälteperioden und damit zur Verlängerung der Ozonzerstörungsperioden führt. Chlormonoxid-Konzentrationen haben in den Frühlingsmonaten nun auch über dem Nordpol dramatische Ausmaße angenommen. Da über dem Nordpol der polare Vortex jedoch nicht so ausgeprägt ist wie über dem Südpol, ist dort bisher noch kein Ozonloch mit Abnahmen von mehr als 50 Prozent aufgetreten, jedoch wurden im Frühjahr 1992 bereits Abnahmen von 20 Prozent gemessen. Bei noch weiter ansteigenden ClO-Konzentrationen in der Stratosphäre ist mit dem Auftreten eines Ozonloches auch über der Arktis zu rechnen.
Die Abnahme der stratosphärischen Ozonschicht führt konsequenterweise zu einer Änderung des auf der Erde auftreffenden Sonnenlichtes. Der Anteil der UV-Strahlung nimmt zu. Gravierende Schäden an Pflanzen, Tieren und Menschen sind zu erwarten.

Gefährdung durch Ultraviolettstrahlung

Die Ultraviolettstrahlung schließt an das Blau/Violett des sichtbaren Bereiches an und ist energiereicher als dieser. Der gesamte Bereich der UV-Strahlung wird noch weiter in drei Klassen unterteilt: UV-A-, UV-B- und UV-C-Strahlung.
Während die energiereiche UV-C-Strahlung zu 100 Prozent, also vollständig, verschluckt wird, beträgt dieser Wert für die UV-B-Strahlung

77 Prozent (d. h. noch 23 Prozent der UV-B-Strahlung kommen durch die Stratosphäre) und für die UV-A-Strahlung 28 Prozent (72 Prozent der UV-A-Strahlung gelangen auf die Erdoberfläche).

Das für uns im Zusammenhang mit der Ozonproblematik interessante UV-B-Licht ist auch tageszeitlich und dem geographischen Breitengrad nach unterschiedlich intensiv auf der Erdoberfläche vorhanden; die Strahlungsintensität ändert sich zusätzlich noch mit dem Einfallswinkel.

Daher ist eine mögliche Gesundheitsgefährdung durch UV-B-Licht in den Mittagsstunden am größten. UV-B-Licht wird nicht nur durch Ozon absorbiert, sondern auch durch Aerosole, Wolken und Staub. Dies erschwert eine Vorhersage, wie unser künftiges Sonnenlichtspektrum aussehen wird, noch mehr. Berechnungen zeigen, daß die Abnahme des Ozons linear mit der Zunahme des UV-Lichtes verknüpft sein sollte. Die biologische Wirksamkeit aber geht nicht mit dieser linearen Verknüpfung einher. Die Erbsubstanz wird umso stärker geschädigt, je kurzwelliger das Licht ist. So hat etwa Licht mit einer Wellenlänge von 290 nm eine 10.000mal größere Schädigungswirkung auf die Erbsubstanz als Licht mit 320 nm Wellenlänge. Schädigungen der Erbsubstanz sind ausschlaggebend für Veränderungen der Erbinformation und für das Entstehen von Krebs. Allerdings führt nicht jede Schädigung zu einer Veränderung der Erbsubstanz und nicht jede Veränderung zu Krebs.

Die bisherigen UV-Licht-Messungen haben noch zu keinen eindeutigen Ergebnissen geführt. Einerseits wurde auf der Erde UV-Strahlung deutlich unter 290 nm gemessen, und andererseits ist bei Messungen der Photonenfluß schon bei 330 nm abgebrochen. Man vermutet vermehrte Luftverunreinigung und einen hohen Bewölkungsgrad als Ursache für diese unterschiedlichen Ergebnisse. Auch die Meßgenauigkeit ist noch nicht hoch genug. Die Forschung und Auswertung von Daten hat hier noch ein weites Feld vor sich.

Gefährdung des Menschen

UV-B-Strahlen, also das für das menschliche Auge unsichtbare Sonnenlicht mit Wellenlängen zwischen 290 nm und 400 nm, zählen zum gewohnten Strahlungsspektrum, dem der Mensch seit seinen Anfängen

ausgesetzt war. Dieses UV-B-Licht fördert die Vitamin-D-Synthese im Körper und ist daher — allerdings nur bis zu einem gewissen Ausmaß — gut und notwendig. Vermehrtes UV-B-Licht wirkt jedoch ausgesprochen schädigend. Betroffen sind vor allem Augen, Haut und Immunsystem.
Die Auswirkungen von UV-B-Licht steigen rapide, je kürzer die Wellenlänge ist. So ist Licht mit 290 nm Wellenlänge etwa 1.000mal wirksamer bei der Erzeugung von Hautkrebs als Licht von 330 nm Wellenlänge (Dt. UBA 7/89).
Bei den Schäden an Menschen muß man zunächst zwischen akuten und chronischen unterscheiden, wobei akute Schäden zu einem späteren Zeitpunkt wiederum chronische auslösen können.
Bei übermäßiger UV-B-Strahlung kann es akut zu Sonnenbrand (Haut), Schneeblindheit (Auge) und Photoallergien (Immunsystem) kommen. Chronische Formen von Erkrankungen aufgrund vermehrter UV-B-Strahlung sind Krebs (Haut) und Katarakte, wie grauer Star (Auge).

Krebsvorstufen und Hautkrebs

Ursache Nr. 1 für Hautkrebsvorstufen *(Präkanzerosen)* und daraus entstehende Hauttumore ist UV-Strahlung.
Wer sein Leben lang vermehrt dem Sonenlicht ausgesetzt ist, hat ein erhöhtes Risiko, ab dem 50sten Lebensjahr an Basalzell- und Plattenepithelkarzinom zu erkranken. Bei ständiger vermehrter UV-B-Bestrahlung können die dadurch ausgelösten Tumore auch schon ab dem 40sten Lebensjahr auftreten. Der Zusammenhang zwischen Basalzell- und Plattenepithelkarzinomen und UV-B-Strahlung gilt heute als gesichert, ein Grenzwert oder Schwellenwert ist aber ebensowenig anzugeben wie bei der radioaktiven Strahlung. Man geht heute davon aus, daß eine Verringerung der Ozonschicht um ein Prozent zu einer Erhöhung der UV-B-Strahlung auf der Erde um zwei Prozent führt. Dies wiederum erhöht die Häufigkeit von Basalzelltumoren und von Plattenepitheltumoren. Die Schädigungsrate bei nicht malignen Tumoren steigt nicht linear zum Ozonabbau, sondern sogar stärker. Bei einer angenommenen Ozonabnahme in der globalen Atmosphäre um zehn Prozent, das würden wir bei der gegenwärtigen Entwicklung im Jahr 2035

oder auch schon früher erreichen, müßte man mit einem Ansteigen der Fälle von Basalzelltumoren um 60 Prozent und mit einem Ansteigen der Fälle von Plattenepitheltumoren um 80 Prozent rechnen.
Basalzelltumore und Plattenepitheltumore führen nicht so oft zum Tode wie maligne Melanome, die eine starke Tendenz zur Bildung von Metastasen haben, jedoch ist der Krankheitsverlauf dieser »gutartigen Tumore« dramatisch und die Heilung oft mit gravierenden Entstellungen, vor allem im Gesichtsbereich, verbunden. Die Erkrankungen sind jedenfalls schwer. Die malignen Melanome, von denen etwa die Hälfte zum Tode führt und die daher eine sehr viel ungünstigere Prognose haben, sind in der hellhäutigen Bevölkerung in den vergangenen Jahren stark im Steigen. Der ursächliche Zusammenhang mit der UV-B-Strahlung ist nicht so eindeutig wie bei den sogenannten »gutartigen« Tumoren (die, wie schon erwähnt, so gutartig nicht sind). Es wird jedoch vermutet, daß wiederholter Sonnenbrand, vor allem bei Jugendlichen unter 15 Jahren, später, etwa ab dem 30sten Lebensjahr, zur Ausbildung von malignen Melanomen führen kann. In den Vereinigten Staaten hat man eine jährliche Steigerungsrate bei diesen Melanomen um vier Prozent festgestellt. Auch in Mitteleuropa steigt die Hautkrebsrate, doch wäre es verfrüht zu sagen, diese Steigerung ginge auf vermehrte UV-Strahlung durch Ozonverlust zurück.

Schäden an den Augen

Die akute, unmittelbare Verletzung der Hornhaut durch UV-Strahlung führt zu Sehstörungen und zeitweiser Erblindung, besonders bei starker UV-Einwirkung. Das trifft oft Schifahrer, die neben der direkten Sonnenbestrahlung auch dem vom Schnee reflektierten Licht ausgesetzt sind; diese *Schneeblindheit* klingt normalerweise aber nach einigen Tagen ab.
Die *Katarakta,* die Trübung der Augenlinse im Alter, ist auch bekannt unter der Bezeichnung »grauer Star«. Katarakta können mehrere Ursachen haben, eine davon ist die oftmalige UV-Licht-Exposition, ein kumulativer Effekt. Die Zunahme der Augenschäden infolge Verringerung der Ozonschicht kann noch nicht in Zahlen ausgedrückt werden.

Schäden am Immunsystem

Jeder kennt das Auftreten von Fieberblasen auf den Lippen nach starker Sonneneinwirkung. Dies deutet darauf hin, daß das Immunsystem durch das übermäßige Sonnenlicht (Gletscherbrand) den Herpesviren nicht mehr gewachsen ist. Die genaueren Zusammenhänge sind aber noch nicht erforscht. Man vermutet, daß das Auftreten von Hautkrebs infolge von UV-Licht mit der geschwächten Immunreaktion zu tun hat. Generell können Grenzwerte oder Richtwerte für die UV-Strahlung wissenschaftlich nicht festgelegt werden, da jede erhöhte Einwirkung zu Krebs führen kann, wie die Enquete-Kommission eindeutig feststellt. »Wird trotzdem eine maximal tolerierbare UV-B-Dosis definiert, so handelt es sich dabei um eine politische Entscheidung, die ausdrücklich oder billigend eine gewisse Zahl von Mehrerkrankungen in Kauf nimmt.« (Enquete-Kommission S. 234).

Schäden an Pflanzen

Bei landgebundenen Pflanzen wurden bisher vor allem Kulturpflanzen auf UV-Licht-Empfindlichkeit geprüft. Verringerungen der Blattfläche, Verkürzung der Sproßlänge und Einschränkung der Photosynthese konnten dabei beobachtet werden. Zwar können einige Pflanzen durch Pigmentbildung und andere Reparaturmechanismen die Schäden zum Teil wieder ausgleichen, dennoch wird allgemein mit höheren Ernteeinbußen unter UV-Einwirkung gerechnet. Bei Sojabohnen und anderen Kulturarten wurden diese Auswirkungen im Experiment nachgewiesen. Kommen andere Streßfaktoren hinzu, wie etwa saurer Regen, Trockenheit oder Wasserüberfluß, verstärken sich die negativen Effekte. Die für die Stickstoffversorgung von Kulturpflanzen notwendigen Mikroorganismen haben sich als sehr UV-Licht-empfindlich herausgestellt. Der Kreislauf Stickstoff aus der Luft → Mikroorganismen → Boden → Pflanze wäre empfindlich gestört. Die Stickstoffversorgung der Pflanzen würde leiden, sie hätten nicht genug Dünger. Mit Kunstdünger ist dieser Stickstoff nicht zu ersetzen, weil dies einerseits unfinanzierbar ist, erst recht für Entwicklungsländer, und weil der Gebrauch von Kunstdünger große ökologische Schäden nach sich zieht. Es gelangt einerseits Nitrat ins Grundwasser, andererseits würde die

Lachgasproduktion weiter steigen und somit den Treibhauseffekt verstärken. Kunstdünger scheidet daher aus vielen Gründen als Reparaturmöglichkeit aus.
Über die Auswirkungen von vermehrtem UV-Licht auf die Wildflora, etwa auf Wälder, Moose usw. liegen noch zu wenige Untersuchungen vor. Auch hier ist mit Populationsverschiebungen zu rechnen, die Konkurrenzsituation räumt UV-resistenten Arten und Sorten einen Vorteil ein. Die Artenvielfalt ist gefährdet.

Schäden am Plankton des Meeres

Das pflanzliche Plankton unserer Meere hat für das gesamte Leben und für den Klimahaushalt immense Bedeutung. *Photoautotrophe Organismen,* so nennt man Organismen, die ihre Energie aus dem Sonnenlicht beziehen und ihren Kohlenstoffbedarf aus dem CO_2 decken, bilden den Beginn einer Nahrungskette, an deren Ende der Mensch steht. Durch solche Organismen werden jährlich etwa 100 Milliarden Tonnen CO_2 gebunden, davon 60 Milliarden Tonnen durch das pflanzliche Plankton im Meer. Über die Masse dieses Planktons macht man sich gewöhnlich keine Vorstellungen. Sie macht ebensoviel aus wie die Biomasse aller Pflanzen auf dem Land zusammen. Die *marine Nahrungskette* verläuft in folgenden Stufen: Phytoplankton → Zooplankton → Krebse, kleinere Fische → größere Fische, Meeressäuger → Mensch.
Das Phytoplankton erzeugt jährlich etwa 60 Milliarden Tonnen pflanzliches Trockengewicht. Im Verlauf der Nahrungskette nimmt die Biomasse beim Übergang von einem Glied zum anderen um 90 Prozent ab. Das heißt, eine Tonne Phytoplankton führt zu 100 kg Zooplankton, das wieder zu 10 kg Krebsen und kleineren Fischen und schließlich zu 1 kg größeren Fischen, die auch dem Menschen als Nahrung zur Verfügung stehen. Diese Nahrungskette kann dadurch verkürzt werden, daß größere Tiere sich beispielsweise von Zooplankton ernähren. Wie im Experiment nachgewiesen werden konnte, reagiert Phytoplankton zum Teil sehr empfindlich auf UV-Licht, so daß eine erhöhte UV-Licht-Belastung nicht nur zum Absterben großer Planktonmassen und zu einer verminderten Erzeugung von Biomasse führen würde, sondern auch eine andere Artenzusammensetzung die Folge wäre. Das vielfältige Ökosystem Meer enthält Nahrungsspezialisten, die auf bestimmte

Planktonarten angewiesen sind. Die Verschiebung der Artenzusammensetzung würde also auch höhere Systeme betreffen. Dabei leidet das Plankton jetzt schon unter der immensen Verschmutzung der Meere! Unter UV-Licht büßt das Plankton auch einen Teil seiner Fähigkeit ein, Kohlendioxid zu binden. Die Erhöhung der durchschnittlichen Meerestemperatur durch den CO_2-bedingten Treibhauseffekt würde in der Folge weitere Planktonmassen absterben lassen. Das geschieht beim warmen El Niño Strom, der periodenweise an der Pazifikküste Südamerikas auftritt, relativ planktonarm ist und einen drastischen Rückgang der Fischpopulation mit sich bringt. Die antarktischen Gewässer sind besonders planktonreich, und gerade sie sind von erhöhter UV-Strahlung am stärksten gefährdet. Außerdem tritt das Ozonloch und damit verbunden der höchste UV-Strahlenstreß während des antarktischen Frühlings auf, genau zum Zeitpunkt der höchsten Vermehrungsaktivität des Planktons in dieser Region.

Zusammenfassung

Die Verminderung der Ozonschicht führt zur Erhöhung des Anteiles an UV-Licht im Sonnenlichtspektrum, das auf die Erde gelangt. Es wird angenommen, daß ein Verlust von einem Prozent der atmosphärischen Ozonschicht zu einer Zunahme von zwei Prozent des UV-Anteiles am Sonnenlicht mit sich bringt. Durch UV-Licht können Schäden an Mensch, Tier und Pflanze auftreten.

Mensch:

- Haut: vor allem Krebs, vorzeitiges Altern.
- Augen: Katarakte, Erblindung.
- Immunsystem: Erhöhte Anfälligkeit gegen Infektionskrankheiten und geringere Heilungsaussichten, Photoallergien, verminderte Abwehrfähigkeit Viren gegenüber.

Tiere:

Bei höheren Tieren sind ähnliche Schädigungen wie beim Menschen zu befürchten, vor allem die Augen sind betroffen, da sich Tiere weniger schützen können. Fischlaich, der nicht lichtgeschützt ist, kann geschädigt werden. Zooplankton und Kleinlebewesen sind sehr UV-Licht-empfindlich. Als wichtiger Teil der Nahrungskette kann durch geschädigtes Zooplankton das gesamte Tierleben im Meer betroffen sein.

Pflanzen:
UV-Licht schädigt das Pflanzenwachstum und die *Assimilationsfähigkeit* von Pflanzen. Artenverschiebungen zu resistenteren Arten hin und Verminderung der Artenvielfalt sind die Folge. Der Verlust von Mikroorganismen, die Stickstoff aus der Luft binden, führt zu Defiziten bei der Nahrungsversorgung der Pflanzen. Für die Landwirtschaft ist mit Ernteverlusten zu rechnen.
Meer:
- Beeinträchtigung der Meere als Aufnahmereservoir für Kohlendioxid (CO_2-Senke) durch Einschränkung des Phytoplanktons.
- Destabilisierung des marinen Ökosystems durch Verschiebung der Artenzusammensetzung.
- Auswirkungen auf die Funktion der Meere als Nahrungsquelle, durch Ausdünnung der Nahrungskette bis hin zu eßbaren Fischen und durch Rückgang des Zooplanktons, das möglicherweise steigende Bedeutung für die menschliche Nahrung gewinnt (Krill).

Versäumte Gelegenheiten und internationale Reaktionen

Ein Lehrstück industrieller Denkungsart

Die Kühltechnik wird zur großen Herausforderung in den Entwicklungsländern werden. Zum einen wird es notwendig sein, in den Hungerländern die Kühltechnik einzuführen, da in den Tropen 40 Prozent der Lebensmittel wegen mangelnder Kühlung verderben. Zum anderen sind gerade die Entwicklungsländer von den internationalen Abkommen zum Schutz der Ozonschicht für zehn Jahre ausgenommen, um deren technische Entwicklung nicht unfinanzierbar zu machen. Tatsächlich werden diese Länder damit zu Auffangbecken für Substanzen, die in den Industrieländern bereits gebannt sind. Dabei gäbe es durchaus Alternativen, die sowohl ozonschonend als auch kostengünstig sind.

In der Zeitschrift New Scientist (New Scientist 30. 6. 1990, S. 39 f.) beschreibt Debora MacKenzie, wie sich der Technologie-Transfer zwischen Industrieländern und Entwicklungsländern in diesem Zusammenhang abspielt.

Ausgehend von der NASA-Prognose, daß das Ozonloch über der Antarktis weitere hundert Jahre auftreten wird, wenn wir lediglich fünf bis zehn Prozent der bisher emittierten FCKW weiterhin in die Atmosphäre entlassen, kommt die Autorin zu dem Schluß, daß die FCKW in den industrialisierten Ländern verboten werden. Trotzdem könnten große Entwicklungsländer wie Indien oder China noch genug FCKW emittieren, um die NASA-Prognose Wirklichkeit werden zu lassen. Wie werden nun die Entwicklungsländer, in denen der größte Teil für Kühlsysteme gebraucht wird, den Ersatz der FCKW bewerkstelligen?

Die teilhalogenierten Fluorkohlenwasserstoffe und die chlorfreien Fluorkohlenwasserstoffe, die als Alternativen angeboten werden, kosten drei- bis fünfmal soviel wie die herkömmlichen »harten« FCKW. Daher hat die chemische Industrie schließlich auch das Abkommen von Montreal unterstützt, weil dadurch ein weltweiter Prozeß zur Umrüstung von FCKW in Gang gesetzt wird. Die herkömmlichen FCKW sind nicht mehr durch Patente geschützt, es fallen die Lizenzgebühren weg, sie sind daher relativ billig. Die Alternativen jedoch öffnen einen großen Markt für neue, gewinnbringendere Produkte, bei denen der Patentschutz noch aufrecht ist. Die Kosten für die Dritte Welt werden auf knapp eine Milliarde Dollar geschätzt, falls als chemische Alternativprodukte teilhalogenierte FCKW oder chlorfreie FKW die bisherigen Stoffe ersetzen sollen. Für einige Technologien gibt es allerdings Möglichkeiten, auf die FCKW zu verzichten und trotzdem kostengünstig zu bleiben. Nehmen wir das Beispiel Kühlanlagen.

Laborversuche haben laut Bericht von MacKenzie gezeigt, daß die FCKW in Verdichterkühlschränken durch Propan ersetzt werden können. Andere Labors haben Wasser als Kühlmedium verwendet und dabei zusätzlich eine höhere Energieeffizienz erreicht. Keine der beiden kostengünstigen Optionen ist im Zusammenhang mit der Verwirklichung des Protokolls von Montreal diskutiert worden. Die Industrievertreter am Verhandlungstisch sind fürs erste keine Fachleute für das Kühlwesen, sondern Chemiker, die mit der Herstellung von FCKW beschäftigt sind. Die Industrievertreter haben auch kein wirtschaftliches Interesse an diesen Lösungen. Ihre Interessen liegen bei den patentierten und teilhalogenierten FCKW. Umwelttechniker werfen der Kühlanlagenindustrie vor, ihre Engstirnigkeit habe bisher verhindert, daß Propan als Kühlmittel eingesetzt wird. *Propan* habe bessere Eigenschaften als FCKW und benötige nur die Hälfte des Kühlmittelvolumens der derzeit modernen Kühlschränke. Allerdings lassen sich auch die jetzigen Kühlschränke mit einem Kühlmittelinhalt von etwa 100 g mit Propan betreiben. Das Problem der Explosionsgefahr sei ohne weiteres zu meistern, da in einem Kühlschrank nicht mehr Propan benötigt werde als in einem Tischfeuerzeug. Außerdem sei das Kühlsystem hermetisch dicht, so daß selbst ein Zimmerbrand kaum Explosionsgefahr mit sich bringe. Dagegen entstehe bei FCKW im Brandfalle hochgiftiges *Phosgen*. In modernen Küchen würden weit höhere Explosionsgefahren toleriert, und in einem Auto birgt der Treibstofftank auch höhere Gefahren als ein halber Liter Propan in der Klimaanlage.

Das größte Hindernis für die Verwendung von Propan in Kühlschränken sei aber rechtlicher Natur. Die feuerpolizeilichen Vorschriften sind in den meisten Ländern so ausgelegt, daß praktisch nur FCKW oder

unbrennbare Alternativen zum Einsatz kommen können, obwohl entzündliche Stoffe sonst ohne weiteres in den Haushalten gelagert werden dürfen. Die Kostenunterschiede sind allerdings beträchtlich. Zwischen herkömmlichen FCKW und dem teilhalogenierten FKW 134a, einem ozonneutralen Alternativstoff, der allerdings ein hohes Treibhauspotential besitzt, besteht ein Preisverhältnis von etwa 1:6. Propan hingegen kostet ein Zehntel im Vergleich zu den herkömmlichen FCKW. Die teuerste Alternative kostet also im Vergleich zur billigsten das Sechzigfache. Solch hohe Preisunterschiede können in der Dritten Welt von existentieller Bedeutung sein. Eine andere Möglichkeit für die Dritte Welt wären Absorberkühlschränke, die ebenfalls ohne FCKW auskommen und die auch ohne Elektrizität betrieben werden können. Die technischen Einsparmöglichkeiten sind hier noch bei weitem nicht genützt.
Aber, all diese Alternativen bringen keine Patentgebühren, die verwendeten Chemikalien sind billig und nahezu überall erhältlich, und daher hat niemand geschäftliche Interessen daran, diese Alternativen für die Dritte Welt zur Verfügung zu stellen.
Soweit eine Zusammenfassung des Artikels von Debora MacKenzie.

Die Situation in den Entwicklungsländern

Alle bisher diskutierten Alternativen, Einsparmöglichkeiten und Ausstiegsmodelle aus der FCKW-Wirtschaft sind nur deshalb plausibel, weil wir es uns wirtschaftlich leisten können und weil sich in den industrialisierten Staaten ein gewisses Maß an Umweltbewußtsein gebildet hat. Ganz anders ist die Situation in den Entwicklungsländern.
Hier gibt es noch kaum ein Bewußtsein darüber, was unser Tun und Treiben für das Raumschiff Erde bedeutet — woher auch. Hier herrschen Existenznöte und Hunger, Analphabetentum, soziale Chancenlosigkeit, Krankheit und früher Tod. Wie schon erwähnt, verderben trotz der unmenschlichen Lebensmittelknappheit in den Hungerländern 40 Prozent der Lebensmittel wegen mangelnder Kühlung und Lagerung. Hilfe für diese Länder ist also überlebensnotwendig. Die Regelung lokaler und regionaler Machtkämpfe und Kriege überlagert dort

aber noch immer andere sozialpolitische und wirtschaftliche Entwicklungen. Waffen, westliche Technologie und Industrialisierung sind gefragt und werden mit Krediten finanziert. Unsere Entwicklungshilfe-Programme und Finanzspritzen kommen diesen Tendenzen oft genug entgegen. Die Entwicklungsländer werden zum Markt für all das, was bei uns nicht mehr zu verkaufen ist, werden zu Deponien und Märkten für Massenartikel, die schon weit vom Stand der Technik überholt wurden. Der Kühlsystemindustrie stehen zwei- bis dreistellige Wachstumsraten bevor. Und die Kühlschränke, Kühlhäuser, Kühlcontainer, Klimaanlagen werden, schon wegen der hohen Preise von technischen Alternativprodukten, vorerst mit FCKW als Kühlmittel gefüllt sein. Die Entwicklungsländer haben noch zehn Jahre Zeit, um die internationalen Abkommen zu erfüllen, und dürfen ihren FCKW-Verbrauch auf 0,3 kg pro Kopf und Jahr steigern. Allein das Milliardenreich China, wo derzeit nur in jedem 15ten Haushalt ein Kühlschrank steht, will die Versorgungsrate in den nächsten Jahren auf jeden Haushalt verdichten. China ist, ebenso wie Mexiko, jüngst dem Montreal-Protokoll beigetreten, doch wenn dieses Riesenreich den Status eines Entwicklungslandes erhält, können auch dort alle Maßnahmen zur FCKW-Reduktion um zehn Jahre hinausgeschoben werden. Eine funktionierende Lebensmittelversorgung in einer verstädterten Bevölkerung verlangt Kühlketten ohne Unterbrechung. Das heißt, Kühlhäuser, Kühlcontainer, Großkühlanlagen bei verarbeitenden Betrieben und beim Handel werden notwendig sein. Die Landflucht in den Entwicklungsländern ist enorm! Eine einigermaßen umweltgerechte Ausstattung der Entwicklungsländer mit Gütern des täglichen Bedarfes wird viel Geld kosten. Der Entwicklungsfonds des Montreal-Protokolls, dessen Umfang für drei Jahre von 160 Millionen US-Dollar auf 200 Millionen US-Dollar aufgestockt werden soll, ist 1991 nur mit der Hälfte der vorgesehenen und zugesagten Mittel von den Industrieländern ausgestattet worden. Unfinanzierbar wird das alles aber sein, wenn nicht die sparsamsten und technisch einfachsten Lösungen zur Anwendung kommen. Den Entwicklungsfonds des Montreal-Protokolls als Konjunkturrakete für westliche Industriezweige mit Absatzschwierigkeiten oder Expansionsbestrebungen zu mißbrauchen, würde sich rächen. Den Schaden müßten wir alle bezahlen.

Ozon auf dem politischen Parkett

Als 1974 die beiden Chemiker *Rowland* und *Molina* vor den Folgen des FCKW-Einsatzes warnten und eine Schädigung der stratosphärischen Ozonschicht vorhersagten, reagierten zuerst die USA. Präsident Carter verbot ab 1978 den Einsatz von FCKW in Spraydosen. Die damalige Vorreiterrolle haben die USA allerdings schon lange eingebüßt.

Es kam zur Ausbildung zweier Richtungen: Einerseits die sogenannte *Toronto-Gruppe* mit den USA, Kanada und den skandinavischen Ländern, die vor allem für Aerosole Verbote verhängten, die übrigen Anwendungsbereiche aber nicht berührten. Auf der anderen Seite waren die *Europäer,* vor allem Staaten aus dem EG-Bereich, die primär die Produktion von FCKW auf den Stand von 1976 einschränken wollten, dabei aber die Anwendung der produzierten Mengen relativ frei ließen. Der Schritt der Amerikaner hatte zur Folge, daß weltweit die FCKW in Spraydosen zurückgedrängt wurden. Damals machten die Aerosole noch 80 Prozent des gesamten FCKW-Verbrauches aus. Der Rat der EG beschloß zwar 1978, die Produktion von harten FCKW nicht auszuweiten, trotzdem kam es zu einem enormen Anstieg der FCKW-Produktion. Das hatte mehrere Gründe:

Die Aussagen der Wissenschaft änderten sich, und Anfang der 80er Jahre war man dabei, das Problem zu verharmlosen. Forschungsprogramme wurden gestrichen, und von der deutschen Aerosolindustrie wurde die Spraydose sogar als »umweltfreundlich« angepriesen. Das Ozonabbaupotential sei zu vernachlässigen, es wurde sogar von einer leichten Zunahme des stratosphärischen Ozons für die 80er Jahre gesprochen. Der Rat der EG sah angesichts der neuen wissenschaftlichen Lage keine Veranlassung mehr, zusätzliche Schutzmaßnahmen zu treffen.

So erlebte der FCKW-Einsatz einen bisher nicht gekannten Boom. 1989 wurden 1,1 Millionen Tonnen vollhalogenierter FCKW weltweit hergestellt (Angabe Hoechst), so viel wie noch nie zuvor. Das war zwei Jahre nach den Beschlüssen von Montreal, fünf Jahre nach Entdekkung des Ozonloches und 15 Jahre nach den ersten Warnungen der Wissenschaftler, die FCKW werden die stratosphärische Ozonschicht angreifen!

Nach den aufsehenerregenden Meldungen über das Ozonloch 1984/85 begann sich zuerst das politische Klima zögernd zu ändern, konkrete Maßnahmen kamen erst später.

Das Abkommen von Wien

Im März 1985 wurde in Wien ein erstes Rahmenabkommen über den Schutz der Stratosphäre unterzeichnet, konkrete Maßnahmen kamen dabei allerdings noch nicht zustande. Es wurde aber erstmals eine Liste von Problemstoffen aufgestellt, die unter anderen auch das teilhalogenierte H-FCKW 22 enthält. Dieses Wiener Abkommen bildet seither die rechtliche Grundlage für die späteren konkreten Maßnahmen, die in Protokollen festgehalten sind.
Die weiteren Verhandlungen waren mühsam und zäh. Während jene Länder, die schon Verbote von Aerosolen erlassen hatten, auf ein internationales Aerosolverbot drängten, war man in der EG, wo die potentesten FCKW-Hersteller versammelt sind, der Meinung, die Aerosole sollten um 30 Prozent vermindert und die gesamte FCKW-Produktion beim gegenwärtigen Stand eingefroren werden. Die eigenstaatlichen Interessen überwogen also noch bei weitem.

Das Protokoll von Montreal

Im September 1987 wurde dann das Protokoll von Montreal vereinbart — ein Kompromiß: Es wurde eine Liste von Stoffen erstellt, deren Produktion und Verbrauch zu regeln ist. Allerdings enthält diese Liste nur einen Teil der als ozonschädigend bekannten Stoffe. Die Einteilung der Stoffe erfolgt in zwei Gruppen: FCKW R 11, 12, 113, 114 und 115 einerseits, und andererseits die Gruppe der Halone 1211, 1301 und 2402. Für diese Gruppen bestehen unterschiedliche Regelungen. (Anmerkung: Die ursprünglich in Wien aufgestellte Liste war umfangreicher; sie enthielt auch z. B. H-FCKW 22.)
Für die Gruppe der FCKW wurde festgelegt, Produktion und Verbrauch zwischen 1989 und 1993 jährlich auf den Stand von 1986 einzufrieren. Zwischen 1993 und 1998 müssen dann Produktion und Ver-

brauch um 20 Prozent gesenkt werden, ab 1998 soll eine Senkung um weitere 30 Prozent erfolgen. Das heißt, ab 1998 bleibt der Einsatz der geregelten Stoffe auf 50 Prozent des Niveaus von 1986 jährlich bestehen.

Für die Gruppe der Halone wurde ab 1992 ein Einfrieren auf den Stand von 1986 beschlossen.

Die Stoffe der einzelnen Gruppen sind im Verhältnis ihres ODP-Wertes untereinander austauschbar. Die Regelung läßt darüber hinaus noch zahlreiche Ausnahmen zu: Überproduktionen von 10 – 15 Prozent für bestimmte Bedürfnisse, erhöhte Verbrauchszahlen bei in Bau befindlichen Produktionsanlagen und eine zehnjährige Frist für Entwicklungsländer, die einen Pro-Kopf-Verbrauch an diesen Stoffen von weniger als 0,3 kg haben.

Die Enquete-Kommission des Deutschen Bundestages kommt zu dem Ergebnis, daß bei Einhaltung dieses Protokolls von Staaten, die 80 Prozent der FCKW-Weltproduktion repräsentieren, die restlichen unkontrollierten 20 Prozent bei jährlichen Wachstumsraten von fünf Prozent nach einigen Jahren die Reduzierung der Vertragsstaaten um 50 Prozent bei weitem aufwiegen würden. Es käme zu einem neuerlichen Anwachsen der Weltproduktion von FCKW. Eine andere Kalkulation führt zu ähnlichen Ergebnissen: Die Steigerung des FCKW-Verbrauches in den Entwicklungsländern auf die erlaubten 0,3 kg pro Kopf und Jahr würde die 50-prozentige Reduktion in den Industriestaaten ausgleichen und den hohen Stand von etwa einer Million Tonnen FCKW pro Jahr weltweit erhalten.

Selbst bei rigider Einhaltung des Protokolls von Montreal wäre es nicht möglich, den Ozonabbau zu stabilisieren, von einer Wiederherstellung des natürlichen stratosphärischen Gleichgewichtes ganz zu schweigen. Trotz all dieser Problematik war das Montrealer Protokoll diplomatisch gesehen ein Durchbruch. Für die Zukunft wurden bindende Vorsorgemaßnahmen getroffen; ein erster Schritt war getan.

Das Protokoll von London

In London wurde im Juni 1990 die Liste der »geregelten Stoffe« erweitert. Alle wesentlichen vollhalogenierten FCKW, Tetrachlorkohlenstoff (CCl_4) und 1,1,1-Trichlorethan (Methylchloroform) wurden in

die Liste aufgenommen. Eine eigene Liste nennt die teilhalogenierten FCKW (H-FCKW) als Ersatzstoffe.
Durch die frühere Liste und die neu hinzugekommenen Stoffe wurden die Regelungen komplizierter. So wurde für die Stoffe der alten »Montreal-FCKW-Liste« vereinbart, von 1995 – 1997 mit Produktion und Verbrauch auf 50 Prozent des Niveaus von 1986 zurückzufahren. Ab 1997 sollen Produktion und Verbrauch auf 15 Prozent gesenkt werden, und mit dem Jahr 2000 wurde der vollständige Ausstieg aus diesen Produkten beschlossen. Für die neu hinzugekommenen FCKW wurde als Referenzjahr 1989 festgelegt, das Jahr des höchsten Verbrauches. Die Regelung für diese Stoffe sieht von 1993 bis 1997 eine Senkung auf 80 Prozent, ab 1997 auf 15 Prozent und im Jahr 2000 den totalen Ausstieg vor. Für die Halone wurde bis 1995 ein Einfrieren auf den Stand von 1986 beschlossen, von 1995 bis 2000 eine 50prozentige Reduzierung und im Jahr 2000 ebenfalls der vollständige Ausstieg. Für »unverzichtbaren Gebrauch« können Ausnahmeregelungen beschlossen werden.
Bezüglich des Tetrachlorkohlenstoffes soll von 1995 – 2000 eine Reduzierung auf 15 Prozent des Standes von 1989 vorgenommen werden, im Jahr 2000 ist auch hier der vollständige Ausstieg geplant.
Für 1,1,1-Trichlorethan gilt: Von 1993 – 1995 das Einfrieren auf den Stand von 1989, dann bis zum Jahr 2000 eine Senkung auf 70 Prozent, bis 2005 eine Senkung auf 30 Prozent und im Jahr 2005 der vollständige Ausstieg.
Außerdem wurde ab 1990 der Import von geregelten Stoffen aus Staaten, die dem Protokoll nicht beigetreten sind, gebannt, der Export in Nichtunterzeichner-Staaten wird ab 1993 gebannt.
Ein Fonds für die Entwicklungsländer wurde geschaffen, der für drei Jahre mit 160 Millionen US-Dollar ausgestattet wurde. Dieser Fonds soll in Zukunft auf 200 Millionen US-Dollar angehoben werden.
Mehrere Staaten, darunter Deutschland, die Schweiz und Österreich, haben eine gemeinsame Deklaration vorgelegt, wonach diese Länder den Ausstieg aus den genannten vollhalogenierten FCKW so bald wie möglich, jedoch nicht später als 1997, vollziehen.

Die Konferenz von Nairobi

Bei der *Konferenz von Nairobi* im Juni 1991 haben Schweden, Finnland, Norwegen, Schweiz, Österreich, die Bundesrepublik Deutschland und Dänemark die Erklärung abgegeben, die teilhalogenierten FCKW spätestens ab 1995 einer Verbrauchsbegrenzung zu unterwerfen und ihre Verwendung nur mehr dort zuzulassen, wo eine umweltfreundlichere Alternative oder umweltfreundlichere Techniken nicht zur Verfügung stehen.
Das Protokoll von London sollte am 1. Jänner 1992 in Kraft treten, wenn wenigstens 20 Staaten das Protokoll ratifiziert haben. Mit Stand Mai 1992 haben erst 18 Staaten ratifiziert, so daß die Regelung international noch nicht verbindlich ist. Zu den Staaten, die bis zum geplanten Inkrafttreten des Protokolls das Dokument noch nicht ratifiziert haben und somit dazu beigetragen haben, daß dieses Abkommen erst später international wirksam wird, zählt bedauerlicherweise auch Österreich. Und das, obwohl sich Österreich bei der Konferenz in London und ein Jahr später in Nairobi mit einem beabsichtigten früheren Ausstieg stark gemacht hat.

Prognosen

Das Umweltprogramm der Vereinten Nationen (UNEP) hat im April 1992 einen Bericht über die Auswirkungen der Beschlüsse von London und über mögliche Verbesserungen dieses Protokolls aufgrund neuester Forschungserkenntnisse vorgelegt.
Die Wissenschaftler stellten fest, daß die Ozonabnahme bisher unterschätzt worden ist. Auch über der Nordhemisphäre nimmt die Ozonschicht in der Stratosphäre nun im Winter signifikant ab. Im Frühjahr und im Sommer wurden nun erstmals über beiden Hemisphären bei mittleren und höheren Breitengraden deutliche Ozonabnahmen festgestellt. Über 45° nördlicher Breite entspricht diese Abnahme für den Zeitraum von 1979 – 1991 etwa 3,5 Prozent. Die Ozonabnahme fand vor allem in den unteren Schichten der Stratosphäre statt.

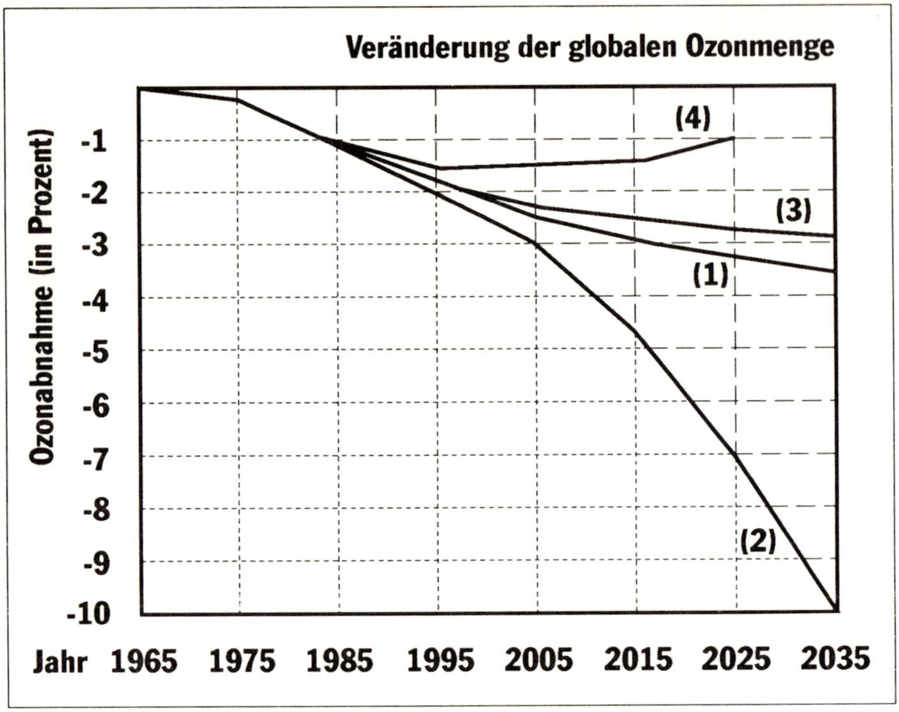

Zeitliche Entwicklung der global gemittelten Ozonverminderung (1965 – 2035) für die Szenarien (vgl. Text):

(1) Montrealer Protokoll mit bestimmten Ausnahmen,

(2) Emissionsanstieg der FCKW und halogenierter Verbindungen im Rahmen von 3 bis 4 Prozent pro Jahr,

(3) Verschärfung des Montreal-Abkommens: Die FCKW-Emissionen werden 1991 auf 50 Prozent und 1995 auf 10 Prozent des Wertes von 1986 reduziert.

(4) Alle vollhalogenierten FCKW werden sofort und vollständig durch H-FCKW 22 ersetzt.

Referenzjahr ist hier 1965 mit einem stratosphärischen Cl_x-Gehalt von 0,6 ppb.

nach: Enquete-Kommission, siehe Literaturverzeichnis

Das antarktische Ozonloch ist größer und tiefer geworden. Der früher beobachtete Rhythmus von zwei Jahren ist nicht mehr gültig. Das heißt, die chemischen Reaktionen haben die klimatisch bedingten Schwankungen bereits überlagert. In der Antarktis wurden große Zunahmen an UV-Strahlen während der Zeit geringerer Ozondichte beobachtet. Über der Arktis wurden noch keine ausgedehnten Ozonverluste festgestellt, dafür aber »Dellen«, die regional begrenzt waren und mit hohen Konzentrationen von reaktiven Chlorverbindungen einhergingen. Der früher befürchtete Ozonabbau durch die Abgase von Überschallflugzeugen, durch die Shuttleflüge der NASA und durch Raketenstarts ist nach neueren Modellrechnungen und durch Satellitenbeobachtungen nicht bestätigt worden.

Soweit der gegenwärtige Wissensstand für den status quo.

Für die Zukunft stimmen die meisten Wissenschaftler überein, daß die Beschlüsse von Montreal im Jahr 1987, selbst bei vollständiger Durchführung, den Ozonabbau in der Stratosphäre nicht wirksam verhindern können, auch langfristig nicht. Noch deutlicher wird die Abbaukurve, wenn nach internationaler Erfahrung mit einer Durchführungsrate von 85 Prozent gerechnet wird.

Für die nächsten Jahre steht für alle denkbaren Varianten allerdings eines fest: Der Chlorgehalt in der Stratosphäre wird bis zur Jahrtausendwende von derzeit 3,3 auf 4,1 ppb weiter steigen. Der natürliche Chlorgehalt in der Stratosphäre betrug vor Auftauchen der FCKW 0,6 ppb. Ein Wert, der wahrscheinlich über hundert Jahre lang nicht mehr zu erreichen sein wird. Die Gesamtozonmenge wird um die Jahrtausendwende im Sommer um sechs und im Winter um zehn Prozent abgenommen haben. Zu beachten ist dabei immer, daß die Verluste an Ozon nicht gleichmäßig über alle Breiten verteilt sein werden, sondern in mittleren und höheren Breiten, also auch über Mitteleuropa, größer sind als in tropischen Breiten. Dazu kommt die hohe Wahrscheinlichkeit eines Ozonloches auch über dem Nordpol.

Das antarktische Ozonloch könnte sich bei 100-prozentiger Einhaltung des Protokolls von London vom Jahr 1990 und bei zusätzlichem Verzicht auf teilhalogenierte FCKW in der zweiten Hälfte des 21. Jahrhunderts wieder schließen. Andere wissenschaftliche Prognosen sind in diesem Punkt wesentlich pessimistischer. Man rechnet damit, daß Werte um zwei ppb Chlor in der Stratosphäre, wie sie in den späten 70er Jahren knapp vor Auftreten des Ozonloches herrschten, jene Schwelle sind, bei der sich das Ozonloch wieder schließen könnte.

Szenarien für die Verminderung von Chloremissionen (ppb Chlor)
(nach UNEP, Genf, April 1992)

Szenario	Spitzenwert im Jahr 2000	Jahr mit 3 ppb	Jahr mit 2 ppb	Integral Cl > 3 ppb
London-Protokoll	4,12 ppb	2037	2066	31,4 ppb
Szenario 1	3,92	2031	2059	20,7
Szenario 2	4,07	2037	2065	28,8
Szenario 3	3,87	2031	2059	18,1
Szenario 4	3,87	2018	2052	14,9
Szenario 5	3,87	2016	2050	13,8

Jahr mit 3 ppb: Zeitpunkt, zu dem der Wert von 1985 wieder erreicht wird. Gilt als Wendepunkt der globalen Ozonveränderung. Dieser Wert lag vor, als erste Maßnahmen ergriffen wurden.
Jahr mit 2 ppb: Zeitpunkt, zu dem jener Wert erreicht wird, der kurz vor der Entstehung des Ozonloches geherrscht hat.
Integral Cl>3 ppb: Die Summe der Chlormenge, die über 3 ppb liegt. Dieser Wert ist ein Maß für die Ozonzerstörung während mehrerer kommender Jahrzehnte. 0,1 ppb Chlor über 3 ppb bedeutet einen zusätzlichen Ozonverlust von 0,5 Prozent im Sommer und 0,75 Prozent im Winter.

London-Protokoll:
FCKW: –50 Prozent bis 1995, –85 Prozent bis 1997, Ausstieg bis 2000.
Tetrachlorkohlenstoff: –85 Prozent bis 1995, Ausstieg bis 2000.
1,1,1-Trichlorethan: –30 Prozent bis 1995, –70 Prozent bis 2000, Ausstieg bis 2005.
Halone: –50 Prozent bis 1995, Ausstieg bis 2000.
H-FCKW 22: 3 Prozent Zunahme jährlich von 1991 bis 2020. Ausstieg bis 2040. 10 Prozent Ersatz durch H-FCKW-A (Lebenszeit 2 Jahre, ODP 0,013) und 30 Prozent Ersatz durch H-FCKW-B (Lebenszeit 20 Jahre, ODP 0,13), beginnend 1997, 3 Prozent Wachstum bis 2020, Ausstieg 2040. 10 Jahre Wartezeit für Entwicklungsländer, geschätzter Anteil am Verbrauch 10 Prozent.
Szenario 1:
Alle Einschränkungen für FCKW, Tetrachlorkohlenstoff und Halone werden, verglichen mit dem London-Protokoll, um drei Jahre vorgezogen. Ergebnis: Der Spitzenwert an Chlorbelastung wird um 0,2 ppb

gesenkt, das Integral sinkt um 34 Prozent. Zusätzlich werden durch einen vorgezogenen Ausstieg aus den Halonen die Belastungsspitzen durch Brom um ein ppt (parts per trillion) gesenkt, das ist vergleichbar mit einer Senkung der Chlorbelastung um 0,03 bis 0,12 ppb. Die UNEP-Wissenschaftler sind überzeugt, daß es in den entwickelten Ländern möglich ist, die Kontrollmaßnahmen für FCKW, Halone und Tetrachlorkohlenstoff um drei Jahre vorzuziehen. Für Ende 1992 wird erwartet, daß der FCKW-Verbrauch gegenüber 1986 um 50 Prozent reduziert sein wird, was einen Vorsprung von drei Jahren gegenüber dem London-Protokoll bedeutet. Zwei Drittel bis drei Viertel des Ausstieges kann durch herkömmliche Techniken bewältigt werden, für den Rest sind nach Ansicht der UNEP neue Ersatzchemikalien notwendig. Die Risikountersuchungen für H-FCKW 123 (bisherige Ergebnisse ungünstig), 124, 141b, 225 und FKW 134a sind noch nicht abgeschlossen. Ein vorübergehender Einsatz von H-FCKW 22, 142b und 152a mit höheren ODP-Werten könnte notwendig werden. Ein Ausstieg im Jahr 1997 könnte im Bereich der Kühl- und der Klimatechnik größere Kosten verursachen. Für den Ausstieg aus den Halonen ist es notwendig, den Gebrauch auf unverzichtbare Bereiche zu reduzieren und die vorhandenen Halonreserven sowie die aus Altanlagen wiedergewonnenen Halonmengen sparsam einzusetzen *(Halon-Bank-Management).*

Szenario 2:

Vorgezogener 1,1,1-Trichlorethan-Ausstieg. Reduzierung um 30 Prozent bis 1992, Ausstieg 1996. Die Spitzenbelastung würde sich gegenüber dem Protokoll von London um 0,05 ppb und das Integral um acht Prozent verringern. Eine Reduzierung um 30 Prozent bis 1992 ist realistisch. Da dieser Stoff auch andere schwere Umweltprobleme mit sich bringt, ist auf dem Sektor der Reinigungs- und Lösungsmittel in den entwickelten Ländern ein Ausstieg bis 1996 möglich. Vergleichbares gilt für FCKW 113 als Reinigungsmittel in der Elektronikindustrie.

Szenario 3:

Kombination von Szenario 1 und 2: Vorgezogener Ausstieg aus FCKW, Tetrachlorkohlenstoff, Halonen und 1,1,1-Trichlorethan. Das Ergebnis ist eine reduzierte Spitzenbelastung bei Chlor um 0,25 und eine Verringerung des Integrals um 42 Prozent. Dazu kommt eine verringerte Brombelastung, die einem Chloräquivalent von 0,03 bis 0,12 ppb entspricht. Die technischen Möglichkeiten wurden bereits im Szenario 1 diskutiert.

Szenario 4:
Wie Szenario 3, aber zusätzlich noch der eingeschränkte Verbrauch von H-FCKW. H-FCKW-22-Verbrauch eingeschränkt von 2000 bis 2020, dann Ausstieg.
Ersatz der FCKW: 10 Prozent durch H-FCKW-A und 20 Prozent H-FCKW-B. Beginn des Ersatzes 1994, drei Prozent Steigerung jährlich bis 2010, Ausstieg 2030.
Ergebnis: Im Vergleich zu Szenario 3 keine Verminderung der Spitzenbelastung, aber Reduzierung des Integrals um zehn Prozent. Im Vergleich zum London-Protokoll bedeutet Szenario 4 eine Reduzierung der Spitzenbelastung um 0,22 ppb und eine Reduzierung des Integrals um 53 Prozent.
H-FCKW werden für einen frühen Ausstieg aus den »harten« FCKW als notwendiger Ersatz in der Kühltechnik, bei Isolierschäumen und sehr eingeschränkt in den Bereichen Reinigung, Sterilisierung und anderen kleineren Anwendungsgebieten angesehen. Ihr Einsatz ist in anderen Bereichen nicht notwendig. Auch bei der Kühltechnik gibt es oftmals einen anderen Ersatz (Propan). Der Ausstieg aus den H-FCKW als Ersatzstoffe, beginnend 2010 und endgültig 2030, bringt ausreichend Zeit, um Alternativen zu finden und anzuwenden. Eine derartige frühe Entscheidung würde verhindern, daß 15 bis 20 Jahre vor dem Ausstieg noch Geräte verkauft werden, die von H-FCKW abhängig sind. Dadurch könnten Kosten für Umrüstung eingespart werden.
Szenario 5:
Wie Szenario 4 und zusätzlich eine Verkürzung der Wartezeit für Entwicklungsländer von zehn auf fünf Jahre. Im Vergleich zu Szenario 4 ergibt sich keine Verminderung der Spitzenbelastung, aber das Integral würde um 3,5 Prozent gesenkt. Im Vergleich zum London-Protokoll ergibt Szenario 5 eine Verminderung der Spitzenbelastung um 0,25 ppb und eine Reduktion des Integrals um 56 Prozent. Mit ausreichender Unterstützung in den Bereichen Information, Ausbildung, Technik und Finanzen durch die Industrienationen ist es möglich, die Beschränkung der geregelten Substanzen in den Entwicklungsländern vorzuziehen. Es sind möglicherweise fünf bis acht Jahre mehr notwendig, um in den Entwicklungsländern Ausbildung und Infrastruktur soweit aufzubauen, daß die geregelten Stoffe zurückgenommen werden können. Die meisten Entwicklungsländer haben keine Halonvorräte. Um die Versorgung mit Halon für unverzichtbaren Gebrauch sicherzustellen,

ist es notwendig, daß die Industrienationen mit großen Halonvorräten die Versorgung der Entwicklungsländer gewährleisten, um eine neuerliche Produktion nicht notwendig zu machen.

Zusätzliche Möglichkeiten, den Bromgehalt der Atmosphäre zu senken, bestehen darin, den Produktionsstopp für Halone vom Jahr 2000 (London-Protokoll) auf 1997 oder 1995 vorzuverlegen. Die bereits jetzt bestehenden Mengen reichen aus, mit den gegenwärtig in Gebrauch befindlichen Geräten für den notwendigsten Einsatz bis ins nächste Jahrhundert auszukommen. Dazu ist aber ein funktionierendes internationales Halon-Bank-Management notwendig. Unter *Halon-Bank-Management* versteht man die Verwaltung, Zuteilung und den sparsamsten Einsatz der vorhandenen Halonvorräte. Nicht geregelt, aber von Bedeutung ist die Verwendung von *Methylbromid* (CH_3Br). Methylbromid wird in den verschiedensten Pestiziden verwendet, weiters als Feuerbekämpfungsmittel, als Lösungsmittel und bei der Herstellung von Arzneimitteln. Methylbromid ist krebserregend, gefährlicher Abfall und sehr giftig (Handbook of Toxic and Hazardous Chemicals). Eine Reduzierung des Methylbromidverbrauches um zehn Prozent führt zu einer Entlastung der stratosphärischen Bromfracht um 1,5 ppt, das entspricht einem Chloräquivalent von 0,045 bis 0,18 ppb. Das heißt, diese Verminderung des Methylbromidverbrauches wäre gleichbedeutend mit einem Vorziehen des Halon-Ausstieges um drei Jahre oder mit dem eines um drei Jahre vorgezogenen Ausstieges aus den FCKW und dem Tetrachlorkohlenstoff zusammen. Die UNEP-Experten halten fest, daß viele Pestizide unnötig für Zierblumen, Sportrasen und exotische Früchte für den Luxusbedarf verwendet werden. Darüber hinaus gibt es auch für den landwirtschaftlichen Pflanzenbau schon viele Alternativen zum Pestizideinsatz.

Konsequenzen aus den Szenarios

1. Bis zur Jahrtausendwende wird die Brom- und Chlorbelastung weiter steigen, die globalen Ozonverluste werden im Sommer sechs und im Winter zehn Prozent erreichen.
2. Dies wird weltweit eine Zunahme der nicht melanomen Hautkrebs-

arten von 26 Prozent mit sich bringen, wobei diese Zunahmen mit den regional unterschiedlichen Ozonverlusten korrespondieren. Auswirkungen auf die Nahrungsmittelproduktion, auf die Wälder, auf die Ökosysteme, auf die Gesundheit der Menschen allgemein, im speziellen aber auf das Immunsystem, auf die Entstehung von Melanomen (bösartiger Hautkrebs) und Katarakten sowie auf das Meeresleben während des antarktischen Frühlings müssen noch genauer wissenschaftlich erforscht werden, um zahlenmäßige Prognosen abgeben zu können. Der Einfluß in all diesen Bereichen ist jedoch evident.

3. Die in den Szenarios vorgeschlagenen zusätzlichen Maßnahmen zum Protokoll von London sind durchführbar. Bei zusätzlicher Verminderung der Bromfracht durch Beschränkung der Emissionen von Methylbromid könnte die langfristige Ozonzerstörung auf insgesamt die Hälfte der Zeit und der Intensität reduziert werden. Dies leitet sich aus der Halbierung des Integrals ($Cl > 3$ ppb) ab.
4. Die weltweite Produktion von FCKW ist, verglichen mit 1986, um 40 Prozent gesunken, und bei den Halonen beginnt derzeit der Verbrauch zu sinken. Es ist technisch möglich, bei allen geregelten Substanzen in den Industrienationen bis zum Jahr 1997 einen totalen Konsumverzicht zu erreichen. Nach Ansicht des deutschen Umweltbundesamtes ist dieser Ausstieg weitestgehend schon 1995 möglich. Der verantwortungsbewußte Gebrauch vorhandener Halone in bestehenden Geräten erübrigt für die absehbare Zukunft jede weitere Produktion dieser Substanzen, einschließlich der Mengen für unverzichtbaren Gebrauch.
5. Durch die rasche technische Entwicklung sind die Kosten für den Ausstieg aus den geregelten Substanzen niedriger als 1989 geschätzt, und sie werden weiter sinken. Frühes Aussondern oder Umrüsten von Geräten in der Kühl- und Klimatechnik kann allerdings zu beträchtlichen Kosten führen. Doch können auch diese durch Wiederverwerten, Recycling und durch die Anwendung einfacher Umrüstungsmethoden (Propan) gesenkt werden.
6. Entwicklungsländer können in vielen Bereichen aus den geregelten Stoffen schneller aussteigen, wenn Information, Ausbildung, Infrastruktur und Finanzierung ausreichend gewährleistet sind. Dafür sind aber internationale technische Kooperation und das Einrichten eines funktionierenden multilateralen Fonds notwendig.

Termine für den Ausstieg aus den FCKW und Halonen

Die Regelungen in den einzelnen Staaten sind nicht immer untereinander zu vergleichen, weil einerseits Substanzen geregelt werden, andererseits Anwendungsbereiche und Techniken. Als Vergleichsbasis dienen im folgenden die Stoffgruppen, die beim Protokoll von London Verwendung finden:

Stoffgruppe	Substanzen
A1	FCKW 11, 12, 113, 114, 115
A2	Halone 1211, 1301, 2402
B1	FCKW 13, 111, 112, 211, 212, 213, 214, 215, 216, 217
B2	Tetrachlorkohlenstoff
B3	1,1,1-Trichlorethan
C	34 verschiedene Typen von H-FCKW

Europäische Gemeinschaft

Die Europäische Gemeinschaft hat für ihre Mitgliedstaaten mit 15. 3. 1991 eine Regelung in Kraft gesetzt, die in einigen Bereichen strenger ist als das Protokoll von London vom Jahr 1990. Auch gelten Handelsbeschränkungen mit Staaten außerhalb der EG: Der Import von Stoffen der Gruppe A1 und A2 aus Nicht-EG-Ländern unterliegt einem Bewilligungsverfahren und wird mengenmäßig begrenzt. Der Import von Stoffen der Gruppen A1, A2, B1, B2, B3 aus Ländern, die nicht dem Montreal-Abkommen angehören, wird ab 1993 verboten. Ab 1993 ist aus diesen Ländern auch der Import von Produkten verboten, die Stoffe der Gruppen A1 und A2 enthalten. Der Import von Produkten, die andere FCKW sowie Tetrachlorkohlenstoff und 1,1,1-Trichlorethan enthalten, wird aus Ländern, die nicht unterzeichnet haben, ab 1996 verboten. Der Export von Stoffen der Gruppen A1, A2, B1, B2, B3 in Länder, die nicht unterzeichnet haben, wird ab 1993 verboten. Nicht geregelt sind H-FCKW sowie Mischungen mit FCKW, die in Produkten verarbeitet sind.

Regelungen für EG-Staaten

Gruppe	Jahr	London-Protokoll	EG
A1 Basis 1986	1992 1993 1995 1996 1997 2000	 –50% –85% Ausstieg	–33,3% –50% –67,5% –85% Ausstieg
A2 Basis 1986	1992 1993 1995 2000	Basis 1989 –50% Ausstieg	Basis 1986 Einfrieren –50% Ausstieg
B1 Basis 1989	1992 1993 1995 1996 1997 2000	 –20% –85% Ausstieg	–50% –67,5% –85% Ausstieg
B2 Basis 1989	1992 1995 1998 2000	 –85% Ausstieg	–50% –85% Ausstieg
B3 Basis 1989	1992 1993 1995 2000 2005	 Einfrieren –70% Ausstieg	Einfrieren –30% –70% Ausstieg
C Basis 1989	1995 2020 2040	 möglicher Ausstieg wahrscheinlicher Ausstieg	Aufzeichnungspflicht

Bundesrepublik Deutschland

Die Bundesrepublik Deutschland ist als EG-Mitgliedsland an die bereits beschriebene EG-Regelung gebunden. Im Mai 1991 wurde auch eine eigene FCKW-Halon-Verbotsverordnung erlassen. Geregelt werden die Stoffgruppen A1, A2, B2, B3 und das H-FCKW 22. Diese Verordnung hat zum Ziel, den Ausstieg aus den FCKW bis 1995 zu erreichen. Die Verordnung verbietet schrittweise den Verkauf und den Gebrauch, zum Teil auch die Herstellung von FCKW, 1,1,1-Trichlorethan, Tetrachlorkohlenstoff und Halonen bis 1995. Der Gebrauch von H-FCKW 22 wird für bestimmte Anwendungen bis zum Jahr 2000 erlaubt. Die deutschen Hersteller haben zugesagt, die Produktion der geregelten Stoffe einzustellen, die Altstoffe zurückzunehmen und fachgerecht zu entsorgen.

Aerosole, Kühl- und Klimatechnik

Hier gilt ein Herstellungs- und Handelsverbot für Spraydosen, die mehr als ein Gewichtsprozent der erwähnten Stoffe enthalten. Ausnahmen gelten für medizinische Anwendungen.
Es gilt ein Verbot für die Herstellung von Kühlmitteln, die die erwähnten Stoffe enthalten und ein Handelsverbot für Kühlmittel, die mehr als ein Prozent der oben erwähnten Stoffe enthalten. Diese Verbote gelten nicht für Systeme, die vor dem Inkrafttreten der Verordnung hergestellt wurden. Der Verkauf durch den Hersteller selbst bleibt auch für alte Systeme verboten. Das Verbot gilt für mobile Systeme mit mehr als fünf Kilogramm Kühlmittelinhalt ab Anfang 1994 und für Systeme mit weniger als fünf Kilogramm Inhalt ab Anfang 1995. Der Gebrauch von H-FCKW 22 in Kühlsystemen bleibt bis Anfang 2000 erlaubt, nicht aber der Gebrauch von Mischungen mit FCKW.

Schäume

Es gilt ein Verbot der oben erwähnten Stoffe in Schaumstoffprodukten, wie Verpackungsmaterialien, Wegwerfgeschirr, Isolierungen, Ortsschäumen und anderen Schäumen. Ortsschäume sind Schäume, die an Ort und Stelle erzeugt werden, meist aus Dosen. Der Handel mit Produkten, die oben erwähnte Stoffe enthalten und die vor dieser Verordnung erzeugt wurden, bleibt erlaubt, außer durch den Hersteller selbst. Bei Isoliermaterial tritt das Verbot Anfang 1995 in Kraft. H-FCKW 22 bleibt bei Ortsschäumen bis Anfang 1993 erlaubt, in anderen Schäumen, außer in Verpackungsmaterialien, bleibt es bis Anfang 2000 erlaubt.

Reinigungs- und Lösungsmittel

Verbot von Handel mit und Gebrauch von Reinigungs- und Lösungsmitteln, die mehr als ein Prozent der erwähnten Substanzen enthalten. Ausgenommen sind geschlossene Anlagen, für die keine Ersatzstoffe oder alternativen Techniken vorhanden sind, sowie eigens genehmigte Anlagen und unverzichtbarer Gebrauch.

Feuerbekämpfung

Verbot von Herstellung, Handel und Gebrauch von Löschmitteln, die mehr als ein Prozent der erwähnten Stoffe enthalten. Für unverzichtbaren Gebrauch gibt es zeitlich begrenzte Ausnahmen. Für Löschausrüstung, die vor dieser Verordnung hergestellt wurde, gilt das Verbot mit Anfang 1994.

Österreich

Österreich hat in London 1990 und in Nairobi 1991 Erklärungen abgegeben, wonach der Ausstieg aus den FCKW beschleunigt wird. Es ist beabsichtigt, den Ausstieg aus den FCKW im Jahr 1995 zu erreichen.

Aerosole

Seit 1989 sind vollhalogenierte FCKW und Mischungen damit in Spraydosen verboten.

Generelles FCKW-Verbot

Seit 1991 sind Herstellung, Handel und Gebrauch aller vollhalogenierten FCKW verboten. Ausnahmen gibt es für medizinischen Gebrauch und für technische Anwendungen, bei denen weniger schädliche Alternativen noch nicht vorhanden sind. In diesen Fällen muß die FCKW-Anwendung auf das unbedingt notwendige Mindestmaß beschränkt werden. Die Ausnahmen müssen vom Umweltministerium genehmigt werden. Ausnahmen gibt es auch für Forschungszwecke.

Einsatzgebiet	Verbotstermine
Textilreinigung	1. 1. 1995
Reinigung, Entfettung, Trocknung	1. 1. 1992
Hochtechnologie	1. 1. 1994
Kühl- und Klimaanlagen	1. 1. 1992
spezielle Kühlanlagen*	1. 1. 1994
Schäume mit FCKW	1. 1. 1993
Schäume und Produkte mit diesen Schäumen	1. 1. 1994

* Ausnahmen gelten für Anlagen, die vor dieser Verordnung installiert wurden oder bei denen die Kosten für den Ersatz der FCKW unverhältnismäßig hoch sind.

Halone

Verbot von Herstellung, Handel und Gebrauch von Halonen (bromierte, vollhalogenierte Kohlenwasserstoffe). Das Verbot gilt generell seit 1990, mit folgenden Ausnahmen: Das Verbot gilt nicht für die Feuerbekämpfung selbst. Für Übungszwecke, Geräteprüfungen und Dichtigkeitsprüfungen ist die Verwendung von Halonen verboten. Bis 1. 1. 2000 sind von dem Verbot ausgenommen: Der Gebrauch von Halonen in neu installierten Systemen zur Feuerbekämpfung, wenn andere Bekämpfungsmittel nicht möglich sind. In bestehenden Systemen ist der Gebrauch von Halonen erlaubt, wenn unersetzliche Kulturgüter zu schützen sind oder wenn Sicherheitsstandards den Ersatz von Halonen nicht erlauben oder dieser unverhältnismäßig teurer wäre. Weiters in allen Fällen, in denen durch den Ersatz von Halonen menschliches Leben gefährdet wäre. In diesen Fällen sind behördliche Anweisungen notwendig. Seit 1990 ist der Import von FCKW und Halonen aus Ländern, die das Montreal-Protokoll nicht unterzeichnet haben, verboten. Ein Verbot von H-FCKW 22 in Druckgaspackungen (Spraydosen) wird für Ende 1992 erwartet. Ausnahmen für unverzichtbaren Gebrauch müssen vom Umweltministerium genehmigt werden.

Schweiz

Die Schweiz hat die gleiche Vorgangsweise wie Österreich gewählt. Es sind alle vollhalogenierten und alle teilhalogenierten FCKW mit bis zu drei Kohlenstoffatomen sowie alle Halone, Tetrachlorkohlenstoff und 1,1,1-Trichlorethan verboten. Die Übergangsregelungen werden mit Ausnahmen und festgelegten Terminen für Reduzierung und Ausstieg erreicht.

Aerosole

Ozonschädigende Stoffe in Druckgaspackungen sind verboten, außer bei Arzneimitteln, wenn nach dem Stand der Technik ein Ersatz fehlt. Das Bundesamt kann Ausnahmen für andere Produkte zulassen, wenn nach dem Stand der Technik ein Ersatz fehlt oder wenn die Umwelt, gesamt gesehen, wesentlich weniger belastet wird. Für H-FCKW und Trichlorethan in Spraydosen gilt das Verbot erst ab Anfang 1993. Für die Ausnahmen gilt eine jährliche Meldepflicht an die Behörde und bei FCKW eine Deklarationspflicht auf der Verpackung.

Schaumstoffe

Seit 1. 1. 1992 sind Herstellung und Import von Schaumstoffen verboten, bei deren Herstellung FCKW eingesetzt wurden. Unter dieses Verbot fallen auch Gegenstände, die solche Schaumstoffe enthalten. Das Verbot gilt für Hart- und Weichschäume. Ausgenommen sind vorerst Kühlgeräte, Wassererwärmer und Warmwasserspeicher sowie Kraftfahrzeuge mit solchen Schäumen. Bei Kühlgeräten, Wassererwärmern und Warmwasserspeichern müssen die Schäume mit einer informativen

Etikette versehen sein. Für Schäume inklusive Montageschäume, die H-FCKW enthalten, gilt das Verbot ab 1. 1. 1993. Für Isolationsschäume in Kühlgeräten, Wassererwärmern, Warmwasserspeichern, die FCKW enthalten, gilt das Verbot ab 1. 1. 1994. Geräte, die vor diesem Datum erzeugt worden sind, dürfen auch weiterhin eingeführt werden. Für Kfz, die FCKW-haltige Schäume enthalten, gilt das Herstellungs- und Einfuhrverbot ab 1. 10. 1994. Vor diesem Datum hergestellte Kfz sowie die dazugehörenden Ersatzteile dürfen weiterhin eingeführt werden. Das Bundesamt kann dazu noch in begründeten Fällen Ausnahmen zulassen. Hartschäume mit geschlossenen Poren, die mit H-FCKW hergestellt wurden, sind vorläufig vom Verbot ausgenommen. Ein Verbot vor dem Jahr 2000 ist geplant.

Reinigungs- und Lösungsmittel

Es gilt ein Verbot von Reinigungs- und Lösungsmitteln mit ozonschädigenden Stoffen ab 1. 1. 1993. Für die Anwendung an Präzisionsteilen und für die Reinigung von beschichteten und geklebten Metalloberflächen gilt das Verbot ab 31. 12. 1994, wenn kein Ersatzstoff oder kein alternatives Verfahren zur Verfügung steht und nach dem Stand der Technik die verfügbaren Vorkehrungen zur Verminderung der Emissionen getroffen worden sind. Unter diesen Umständen ist der Einsatz von ozonschädigenden Lösungsmitteln in der Textilreinigung bis 31. 12. 1995 erlaubt.

Kühl- und Klimatechnik

Geräte oder Anlagen, die Kältemittel mit vollhalogenierten FCKW oder Halonen enthalten, dürfen ab 1. 1. 1994 nicht hergestellt, eingeführt oder abgegeben werden. Für Motorfahrzeuge gilt das Verbot ab 1. 10. 1994. Davon ausgenommen sind Geräte und Anlagen, die vor dem 1. 1. 1994 hergestellt wurden, sowie Motorfahrzeuge, die vor dem 1. 10. 1994 hergestellt wurden. Kühlgeräte mit ozonschädigendem Kältemittel müssen ausreichend deklariert sein. Wer mit solchen Geräten umgeht, muß dafür sorgen, daß die Kältemittel nicht in die Umwelt gelangen. Für die Entsorgung gelten eigene Bestimmungen.

Die Einfuhr oder Abgabe von ozonschädigenden Löschmitteln (Halonen) sowie von Geräten, die solche Löschmittel enthalten, ist ab 1. 1. 1992 verboten. Davon ausgenommen sind die Einfuhr oder Abgabe zum Zwecke der Unschädlichmachung oder Verwertung im Inland sowie die Verwendung in Anlagen, die vom Verbot des Installierens ausgenommen sind. Bis Ende 1997 ist die Abgabe zum Wiederauffüllen bestehender Anlagen erlaubt. Halon-Handfeuerlöscher dürfen zum Gebrauch im eigenen Fahrzeug mitgeführt werden. Anlagen und Geräte mit ozonschädigenden Löschmitteln dürfen nicht mehr installiert werden.

Davon ausgenommen sind stationäre Anlagen in Flugzeugen, in Spezialfahrzeugen der Armee und in Atomanlagen, wenn ohne Halon die Sicherheit von Personen nicht ausreichend gewährleistet ist. Verboten ist die Verwendung von Halonen für Übungen und Tests. Nicht mehr gebrauchte Löschmittel mit Halonen gelten als Sonderabfall. Für die Verwender von ozonschädigenden Löschmitteln gibt es eine Meldepflicht an die Behörden. Bestehende und erlaubte Anlagen müssen gewartet werden.

Aktueller Standpunkt der Industrie zur FCKW-Diskussion

Die Erklärung der deutschen Aerosolindustrie aus dem Jahre 1984 klingt noch in den Ohren. Die Warnungen der Wissenschaftler wurden damals als Fehlrechnung hingestellt, die FCKW-Spraydose als umweltfreundlich gepriesen, die Furcht vor Auswirkungen der FCKW auf die Ozonschicht als Ozon-Hysterie abgetan.

In einer Erklärung der FCKW-produzierenden und -verwendenden Industrie aus dem Jahre 1992 liest sich der Standpunkt anders, auch wenn der Zungenschlag ähnlich geblieben ist.

Zuerst werden die Leistungen der Industrie angeführt:

- Die Aerosolindustrie hat seit 1988/89 bis auf den Pharmabereich praktisch vollständig auf FCKW verzichtet.

- Im Lösemittelbereich wurden bei Alternativsystemen große Fortschritte erreicht.
- In der Kunststoffverschäumung wurde der FCKW-Einsatz drastisch reduziert oder auf Ersatzstoffe umgestiegen.
- In der Kälte- und Klimatechnik werden Neuanlagen zunehmend mit H-FCKW R 22 oder mit Ammoniak gefüllt.
- Im Jahr 1991 wurde in Deutschland die Halonproduktion eingestellt.

Damit wird 1992 in der Bundesrepublik Deutschland der Verbrauch an FCKW im Vergleich mit 1986 um etwa 70 Prozent sinken (aber immer noch 20.000 (!) Tonnen betragen, Anm. d. Verf.). Mit Ausnahme der medizinischen Sprays werden die verbliebenen Anwendungen ausnahmslos in geschlossenen Systemen geführt. Die Verwertungs- und Entsorgungstechnologien werden laufend weiterentwickelt. Für 1993 erwartet man einen weiteren Rückgang des FCKW-Verbrauches auf etwa 10.000 Tonnen. Auf diese Anwendungen in der Kälte- und Klimatechnik könne erst dann verzichtet werden, wenn gleichwertige und akzeptable Ersatzstoffe verfügbar sind und großtechnisch hergestellt werden können.
An den Gesetzgeber und an die Verwaltung wird appelliert, bei Genehmigungsverfahren für neue Ersatzstoffe (H-FCKW und FKW) zügig vorzugehen. Das Verbot (?) von H-FCKW R 22 in der Bundesrepublik wird hart kritisiert und als hemmend bezeichnet. (Es sind hier wohl gewisse Einschränkungen gemeint.) Es wird eine internationale „Harmonisierung" gefordert und vorgeschlagen, sich bei den teilhalogenierten FCKW an einer maximalen Vermarktungsmenge zu orientieren, die am Ozonzerstörungspotential ausgerichtet ist.

Anmerkung des Verfassers: Hätte es nicht so starken internationalen, nationalen und organisierten Druck gegen die FCKW gegeben, hätte nicht jedes Jahr das größer werdende Ozonloch über der Antarktis das schlechte Gewissen gerührt, hätte der Gesetzgeber auf freiwillige Selbstbeschränkungen der Industrie gewartet, wären wir wahrscheinlich heute noch bei der »umweltfreundlichen FCKW-Spraydose« des Jahres 1984. Bei aller Anerkennung der Bemühungen der Industrie ist aber auch in der jüngsten Erklärung sichtbar, daß versucht wird, den status quo zu erhalten, zu bremsen, wo das noch möglich ist. Übrigens weiß man in Kreisen der Industrie genau, daß H-FCKW als Ersatzlösungen nur mehr einige wenige Jahre akzeptiert werden. Warum also steht man hier so auf der Bremse? Die technischen Entwicklungen sind seit 1984 fortgeschritten, die Konzernphilosophien sind nahezu unverändert geblieben, wahrscheinlich auch die Führungsgarnituren. Ohne Druck von außen, vom Gesetzgeber, von Umweltschutzgruppen und schließlich vom Verbraucher selbst sind sinnvolle Innovationen, die ihren Namen auch verdienen, offensichtlich nicht zu erreichen.

Zusammenfassung

So bedeutsam im Prinzip das Wiener Übereinkommen vom Jahr 1985 mit den daran anschließenden Protokollen (Montreal, London) für die Diplomatie und für den Mechanismus einer globalen Vorsorge gegen Umweltschäden sein mag, so wenig ausreichend ist das alles für einen tatsächlichen Schutz. Mit dem ursprünglichen Protokoll von Montreal aus dem Jahre 1987 (50 Prozent FCKW-Reduktion bis zum Jahre 2000 bei eingeschränkter Erfassung der ozonzerstörenden Substanzen) wäre es niemals mehr möglich gewesen, das Ozonloch über der Antarktis zu schließen. Auch das Protokoll von London (Ausstieg bis zum Jahr 2000 bei zehn Jahren Verlängerung der Frist für die Entwicklungsländer) bringt voraussichtlich erst in 80 Jahren jene Situation zurück, wie sie vor dem Auftreten des Ozonloches herrschte. Selbst das war ja schon eine Grenzsituation, die zum Kippen des antarktischen Ozonkreislaufes führte. Es müssen Werte angestrebt werden, wie sie vor Gebrauch von FCKW und Halonen vorhanden waren.

Jüngere Messungen haben gezeigt, daß der Ozonverlust in der Stratosphäre größer ist als vorausgesagt, daß die Verluste beide Hemisphären, den Süden wie den Norden, betreffen, daß auch über der Nordhalbkugel Chlormonoxid-Konzentrationen gemessen wurden, wie sie über dem Südpol schon üblich geworden sind, und daß nur besondere Wetterverhältnisse über dem Nordpol die Bildung eines Ozonloches bisher verhindert haben und bis jetzt zu einer »Delle« von 20 Prozent Verlust führten.

Alle bisherigen Maßnahmen sind ungenügend. Trotzdem haben zur allgemein großen Enttäuschung erst 18 Staaten das Protokoll von Lon-

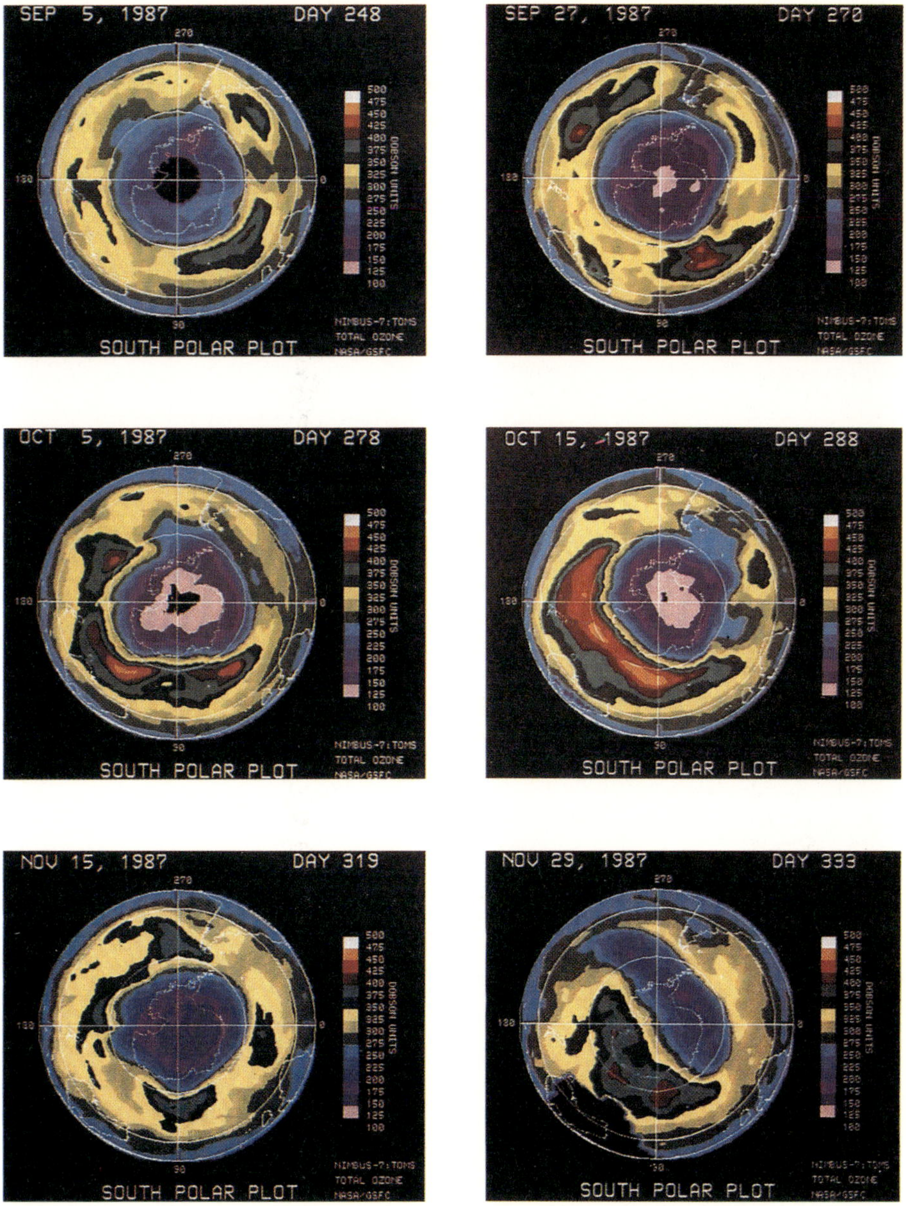

Ozonloch-Entwicklung im Frühjahr (von September bis November 1987) über der Antarktis. Das Ozonloch erscheint gegen Ende September als rosa und verstärkt sich zu Beginn des Monats Oktober, wo es ein Minimum von 1 mm erreicht (schwarz), bevor es sich um die Mitte des Monats November, beim Aufbrechen des polaren Wirbels, auflöst.

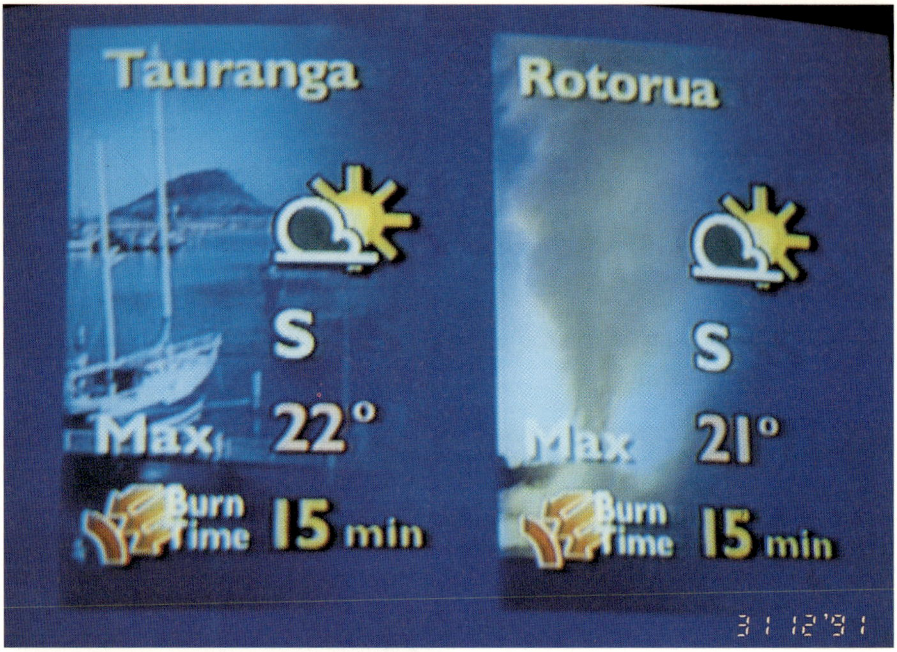

Täglicher Wetterbericht im neuseeländischen Fernsehen mit routinemäßig eingeblendeter „Burntime“

Bei längeren Aktivitäten im Freien schützen sich Neuseeländer mit Salben aus Zink, Kieselsäure, Glimmer, Titandioxid

In neuseeländischen Supermärkten werden Sonnenschutzmittel nun schon mit Schutzfaktor bis 45 angeboten

In der Großstadt Wien fallen pro Jahr über 35.000 ausrangierte Kühlschränke allein aus den Haushalten an!

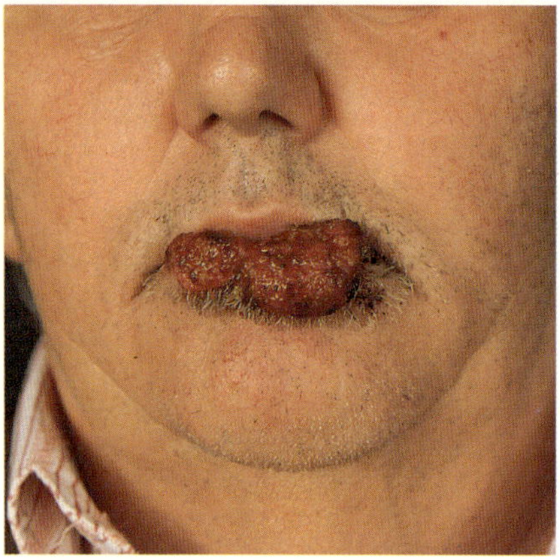

Lentigomaligna und daraus entwickeltes Melanom

Noduläres Melanom

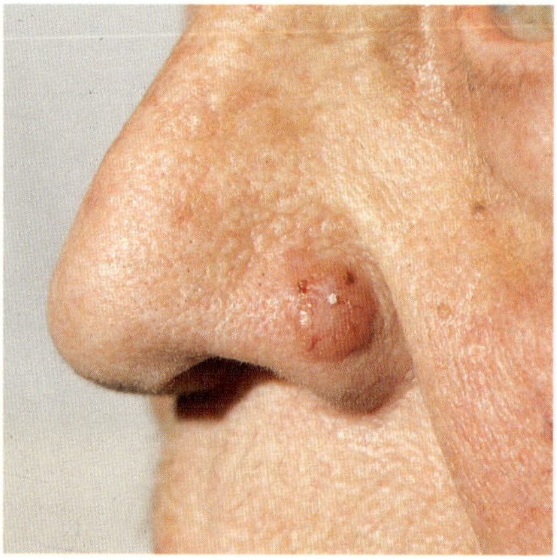

Basaliom

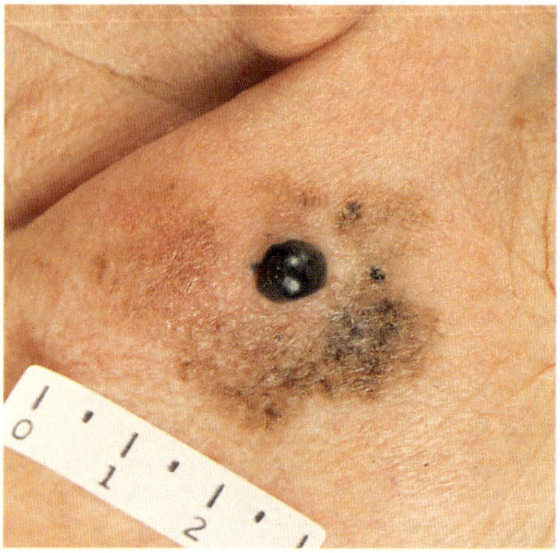

Plattenepithel-Karzinom

Hauptbetroffen durch bodennahes Ozon: Kinder

Hauptverantwortlich für bodennahes Ozon: der Verkehr

Flächenhaftes, massives Kiefernsterben seit zwei Jahren in Niederösterreich: die betroffenen Forstleute stehen diesem raschen Verfall ratlos gegenüber

Im Vorjahr noch völlig funktionstüchtige Nadeln sind heuer tot, der Baum erstickt

Ozonmeßstelle in Illmitz, Burgenland. Der Aufbau über dem Meßcontainer dient der Messung von Wind und Sonneneinstrahlung

Eine Folge der Ozonbelastung ist die vorzeitige Alterung der Bäume, erkennbar an gelber Blattfarbe und frühzeitigem Laubfall. Die Bilder der vier Bäume wurden im Mai 1992 aufgenommen. Die Blätter zeigen Verfärbungen wie im Herbst. Der so geschwächte Baum wird vermehrt von Parasiten befallen, dadurch noch mehr geschwächt und stirbt in weiterer Folge sehr rasch

Die Ozonzukunft aus der Sicht des Karikaturisten: Ein Lebensmüder setzt sich dem Ozonloch aus don ratifiziert, und damit wurde das Inkrafttreten, das für 1. 1. 1992 vorgesehen war, nicht möglich. Unter den Staaten, die noch nicht ratifiziert haben, sind auch solche, die bei der Londoner Konferenz ihre Bereitschaft erklärt haben, früher auszusteigen als im Protokoll verlangt.

Der internationale Fonds für die Entwicklungsländer, der ein Überspringen der FCKW-Phase in deren Entwicklung leichter machen soll, wird nur ungenügend finanziert. Die für 1991 veranschlagten 53 Millionen US-Dollar sind bei weitem nicht erreicht und dem Fonds sind für dieses Jahr weniger als 27 Millionen US-Dollar zugegangen. Wenn es die entwickelten Länder mit dem Schutz der Ozonschicht und mit der Notwendigkeit weltweiter Zusammenarbeit ernst meinen, dann müssen sie auch mit den Zahlungen pünktlich sein und sich für klare Modalitäten beim Technologietransfer entscheiden. Die jüngst neu entstandenen Länder (ehemalige Ostblockstaaten) werden auch um den Status als Entwicklungsländer ansuchen. Als erfreulich ist zu werten, daß nun auch Mexiko und China dem Protokoll beigetreten sind.

Obwohl weltweit der FCKW-Verbrauch um 40 Prozent gesunken ist und damit die politischen Beschlüsse um drei Jahre unterboten wurden, sind bisher ungeregelte Substanzen in die Protokolle aufzunehmen und auch die H-FCKW, die als Ersatz für die geregelten Stoffe genannt werden, einer Begrenzung zu unterwerfen. Der für das Jahr 2000 beschlossene Ausstieg aus dem FCKW-Verbrauch könnte auf 1997 vorverlegt werden. Der Ausstieg ist bei geeigneten, bereits vorhandenen Techniken kostengünstiger als ursprünglich geschätzt, in vielen Bereichen führt der Ausstieg sogar zu Kosteneinsparungen.

Alle von den Wissenschaftlern vorgeschlagenen Maßnahmen, die von Expertengruppen auf ihre Durchführbarkeit geprüft worden sind, könnten dazu führen, daß die Wiederherstellung der natürlichen Verhältnisse in der Stratosphäre um zehn bis 15 Jahre früher als vorhergesagt bewerkstelligt werden könnte. In den Bericht der UNEP Genf, vom April 1992 sind die Forschungsergebnisse von 65 Wissenschaftlern aus 24 Ländern eingeflossen.

Es ist erschütternd, die Rede nachzulesen, die der Direktor des Umweltprogrammes der Vereinten Nationen, Dr. Mostafa K. Tolba, am 6. April 1992 in Genf gehalten hat:

»Die Zeit ist nicht auf unserer Seite«, meint Dr. Tolba, »und die Konsequenzen unserer Torheit werden schmerzlich sein.«

Jedes Prozent weniger Ozon in der Stratosphäre wird weltweit 100.000 bis 150.000 zusätzliche Erblindungen durch Katarakte bedeuten. Jeder Verlust an Ozon wird das Immunsystem von Mensch und Tier beeinflussen, und Schäden am Phytoplankton reduzieren die Ausgangsbasis für die Nahrungskette im Meer.
Wir sollten also die Torheit der Vergangenheit nicht fortsetzen.

Das Ozon in der Troposphäre

Das bodennahe Ozon

Während das Ozon in der Stratosphäre, also in einer Höhe oberhalb von zehn Kilometer, für das Leben auf der Erde unabdingbar ist, schadet ein Übermaß an diesem Gas in der Troposphäre, also in der Luft, die wir atmen, beträchtlich.
Der natürliche Gehalt an Ozon in der Troposphäre beträgt zehn ppb, hat hier also eine etwa einhundertmal geringere Konzentration als in der Stratosphäre. Gemessen an der Masse befindet sich in der Troposphäre nur ein Zehntel des Gesamtozons der Atmosphäre. Dieses Ozon stammt, berücksichtigt man nur die natürlichen Quellen, hauptsächlich aus der Stratosphäre, von wo es durch Luftströmungen, über Falten in der Tropopause, in die unteren Luftschichten transportiert wird.
Seit Beginn der Industrialisierung wird in der Atmosphäre der Nordhalbkugel jedoch eine ständige Zunahme des troposphärischen Ozons festgestellt, und zwar um ein bis zwei Prozent jährlich. Seit Beginn des 20sten Jahrhunderts hat sich die Menge des troposphärischen Ozons verdoppelt. Diese Zunahme geht unzweifelhaft auf menschliche Aktivitäten zurück. Der Beitrag am zusätzlichen Treibhauseffekt beträgt mittlerweile acht Prozent.

Die zwei verschiedenen Wirkungsweisen der Stickoxide

Für die chemische Bildung von Ozon in der Troposphäre ist Sonnenlicht eine Voraussetzung, aber auch die Anwesenheit von Stickoxiden. Diese für die Ozonbildung bedeutenden Stickoxide (NO, NO_2) entstehen größtenteils aus Verbrennungsprozessen, zum überwiegenden Teil beim Straßenverkehr, sowie aus Kraftwerken mit fossilen Energieträgern, Hausbrand usw. In den Tropen stellt die Brandrodung von Regenwäldern ebenfalls eine bedeutende Quelle für Stickoxide dar.
Die Stickoxide haben, abhängig von ihrer Konzentration, jedoch unterschiedliche Wirkungen: Liegt die NO_x-Konzentration unterhalb eines

Wertes von zehn ppt (parts per trillion), wird durch photochemische Oxidation kein Ozon mehr gebildet, sondern verbraucht. Auf der Nordhalbkugel der Erde wird der NO_x-Wert von zehn ppt meist überschritten, so daß es hier vermehrt zur Ozonbildung kommt.
Die chemischen Reaktionen verlaufen auch in der Troposphäre unter Einfluß von Sonnenstrahlung. Der prinzipielle Ablauf entspricht den beim stratosphärischen Ozon beschriebenen photochemischen Reaktionen (siehe S. 40).
Befinden sich aber genügend Stickoxide in der Luft (etwa >30 ppt), so kann bodennahes Ozon aufgebaut werden. Wie geht das vor sich? Zunächst haben wir es vorwiegend mit Stickstoffmonoxid (NO), das hauptsächlich aus den Kfz-Abgasen stammt, zu tun. Aufgrund der vorhandenen Radikale (vor allem jenen aus der Wasserstoffamilie) wird dieses NO leicht zu Stickstoffdioxid (NO_2) umgesetzt (oxidiert). Dieses ist aber lichtempfindlich und zerfällt in NO und energiereichen, atomaren Sauerstoff, der dann nach dem bereits bekannten Mechanismus das Ozon aufbaut:

$$NO_2 + h\nu \rightarrow NO\cdot + O^* \quad (\lambda < 400\ \text{nm})$$
$$O^* + O_2 + M \rightarrow O_3 + M$$

Das so gebildete Ozon kann nun wiederum mit dem verbleibenden oder nachgelieferten NO aus Schadstoffen reagieren und bildet NO_2 und molekularen Sauerstoff:

$$NO\cdot + O_3 \rightarrow NO_2 + O_2$$

Diese Reaktionskette läuft nun immer wieder ab und führt schließlich zu einem Gleichgewicht, das vom Verhältnis NO_2 zu NO und der Strahlungsintensität abhängt.
Liegt der Wert von NO_x unterhalb der kritischen Schwelle von zehn ppt, sind die Mengen an vorhandenem NO also gering, dann reagiert das Wasserstoffperoxyl-Radikal $HO_2\cdot$ jedoch bevorzugt mit Ozon:

$$HO_2\cdot + O_3 \rightarrow OH\cdot + 2\,O_2$$

Ohne die Stickoxide wird das bodennahe Ozon also abgebaut.
(Zur Bedeutung des verbleibenden OH-Radikales siehe Seite 143.)

Für die Ozonentstehung ist auch der Zeitablauf der einzelnen Reaktionen von Bedeutung. Vom Zeitablauf hängt es ab, ob Ozon direkt bei den Schadstoffemittenten oder in weiterer Entfernung entsteht.

Die Rolle des OH-Radikals

Eine wesentliche Rolle in der troposphärischen Photochemie spielt das OH-Radikal. Es reagiert mit nahezu allen Luftschadstoffen und wirkt daher als »Waschmittel« für die Atmosphäre. Das auch für den Treibhauseffekt mitverantwortliche Methan wird fast ausschließlich durch OH-Radikale abgebaut. Wenn in Reinluftgebieten der NO_x-Gehalt unter zehn ppt liegt, andere oxidierbare Substanzen aber zunehmen, etwa Methan, Kohlenmonoxid oder Kohlenwasserstoffe, so nimmt die Konzentration von OH-Radikalen ab. Bei geringem Gehalt der Luft an OH-Radikalen steigt die Lebenszeit anderer Schadstoffe, und ihre Konzentration nimmt zu. Alle Vorläufersubstanzen, wie etwa Stickoxide, Kohlenmonoxid, Methan, längerkettige Kohlenwasserstoffe und chlorierte Kohlenwasserstoffe sind in den Industriestaaten weiter im Steigen begriffen.

Ein entscheidender Faktor ist auch die Temperatur; die Bildung von Ozon hängt besonders in tieferen Lagen sehr stark davon ab.

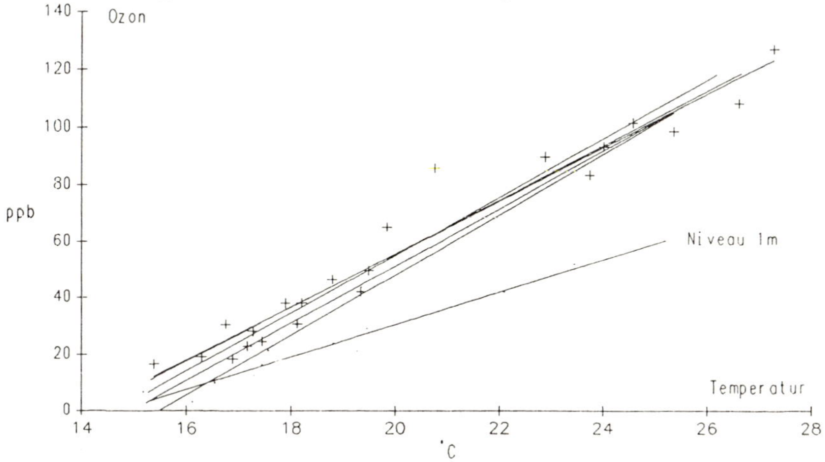

Zusammenhang zwischen Ozongehalt und Lufttemperatur vom 18.–21. 8. 1989 im Hochleitenwald.

Bildung von Reservoirstoffen

Statt Kohlenmonoxid und Methan können auch längerkettige Kohlenwasserstoffe, wie Propan (C_3H_8), Butan (C_4H_{10}) oder Oktan (C_8H_{18}), abgekürzt mit R-CH_3, oxidiert werden. Dadurch entstehen Aldehyde (R-CHO), am bedeutendsten ist darunter der Anteil des Acetaldehyds (CH_3CHO).
Dieser Acetaldehyd wird nun wiederum von den reaktionsfreudigen OH-Radikalen angegriffen, zunächst entsteht dadurch wieder ein Radikal, aber im Endeffekt werden die Radikale abgebaut.

$$CH_3CHO + OH\cdot \rightarrow H_2O + \cdot CH_2CHO$$
$$\cdot CH_2CHO + O_2 \rightarrow CH_3C(O)O_2$$
eine Peroxiverbindung (3 O!)

$$CH_3C(O)O_2 + NO_2 \rightarrow CH_3C(O)O_2NO_2\ (= PAN)$$

Dieses *Peroxiacetylnitrat,* kurz PAN, stellt ein Reservoir für NO_2 dar, da dieses bei höheren Temperaturen wieder abgegeben werden kann. In gebundener Form kann es jedoch Stickstoffdioxid über weite Strecken transportieren, und unter günstigen Bedingungen wird das NO_2 dann wieder, an irgendeinem anderen Ort, zur Ozonbildung zur Verfügung gestellt. PAN ist selbst auch ein bedeutender, in der Wirkung dem Ozon ähnlicher Luftschadstoff.

Zusammenfassung

Der natürliche Ozongehalt in den bodennahen Luftschichten betrug vor der Zeit der Industrialisierung zehn ppb. Heute liegen die Werte um das Zwei- bis Dreifache höher, Spitzenbelastungen mit dem zwanzigfachen Wert sind keine Seltenheit mehr.
Für die Bildung von bodennahem Ozon ist Sonnenlicht und die Anwesenheit von Stickoxiden notwendig. Ozon in der Troposphäre entsteht, wenn unter Sonneneinwirkung ($\lambda < 420$ nm) von Stickstoffdioxid NO_2 ein Sauerstoffatom abgespalten wird. Dieses Sauerstoffatom verbindet sich mit dem Luftsauerstoff O_2 zu Ozon O_3. Das freigesetzte Stickstoffmonoxid NO wird durch Peroxiradikale wieder zu Stickstoffdi-

oxid oxidiert, noch bevor es sich mit O_3 zu NO_2 und O_2 verbinden kann. Der Null-Zyklus wird durch die Anwesenheit von Peroxiradikalen also unterbrochen. Gemeinsam mit den Abbauprodukten von Kohlenmonoxid und flüchtigen organischen Verbindungen (VOC) wirken die Stickoxide also praktisch wie Katalysatoren, wobei unter Sonnenlicht immer wieder Ozon entsteht. Da die Stickoxidmenge durch Verbrennungsprozesse laufend steigt, erhöht sich auch die Bildung von Ozon.
Auch Kohlenmonoxid ist an der Ozonbildung in beträchtlichem Ausmaß beteiligt. Eine bedeutende Substanz in diesem Zusammenhang ist Peroxiacetylnitrat (PAN), das vorerst NO_2 bindet, es jedoch bei höheren Temperaturen wieder freigibt und so in den Ozonbildungsprozeß zurückführt. Dadurch können Stickoxide über längere Strecken verfrachtet werden, bevor sie zur Ozonbildung führen. Dieser Mechanismus der Reservoirbildung erklärt auch die immer wieder zu hohen Ozonwerte in Reinluftgebieten.
Das OH-Radikal, welches mit fast allen Luftschadstoffen reagiert, ist ein wesentlicher Faktor in der troposphärischen Photochemie. Es wirkt wie ein »Waschmittel« in der Atmosphäre. Nehmen oxidierbare Substanzen zu, nimmt die Konzentration von OH· ab, weil es »verbraucht« wird. Damit aber steigt die Langlebigkeit und in der Folge die Konzentration von Luftschadstoffen.
Bei der Bildung von Ozon entstehen auch andere Photooxidantien, wie Wasserstoffperoxid, Peroxiradikale, Aldehyde usw. Diese Oxidantien sind auch für sich allein schädlich. Aldehyde wiederum sind die Voraussetzung zur Bildung von PAN, das, wie schon erwähnt, zur Ozonbildung beiträgt.

Verschiedene Belastungsräume

Die chemischen Reaktionen zur Bildung und zum Abbau von Ozon laufen mit sehr unterschiedlichem Tempo ab. Diese Zeitabläufe wiederum bestimmen, wo und wie weit von den Emittenten der Vorläufersubstanzen entfernt die Ozonbelastungen auftreten.
Punktuell: Bürogeräte, wie Kopierapparate oder Laserdrucker, können zum Teil erhebliche Belastungen durch Ozon am Arbeitsplatz be-

deuten, ebenso Elektroschweißen ohne Schutzgas usw. Besonders im Büro werden derzeit Anstrengungen unternommen, die Ozonbelastung der Menschen zu senken. Kopierer sollten jedenfalls in separaten Räumen mit guter Belüftung aufgestellt werden. Für die Gesamtbilanz der Troposphäre sind diese Belastungen aber ohne Bedeutung. Außerdem wird in Innenräumen das Ozon an den vielen Oberflächen (Möbel) rasch abgebaut, so daß keine längeren Belastungsperioden entstehen. In Innenräumen ist meist das von außen durch offene Fenster eingebrachte Ozon von größerer Bedeutung.

Lokal: Die Ozonbildung in Ballungszentren und an Industriestandorten erfolgt innerhalb von Stunden durch Reaktionen von OH-Radikalen mit rasch reagierenden flüchtigen organischen Verbindungen (VOC) in Gegenwart von NO_x. Kennzeichnend dafür sind starke Schwankungen zwischen Belastungsspitzen und Belastungstälern sowie unterschiedliche Belastungen zwischen Tag und Nacht. Große Unterschiede ergeben sich im bodennahen Bereich zwischen Meßergebnissen knapp an der Erdoberfläche und in 20 bis 30 Meter Höhe. In Wäldern ist besonders der Kronenbereich durch Ozon belastet. Diese Tatsache läßt sich durch den Temperaturunterschied allein nicht erklären. Die aus dem Boden ausgasenden Kohlenwasserstoffe und das Stickstoffmonoxid können in unmittelbarer Bodennähe nämlich zum Ozonverbrauch beitragen. Da sich die Meßstellen üblicherweise in unmittelbarer Bodennähe befinden, geben die offiziellen Meßdaten die tatsächliche Belastung des Waldes im Kronenbereich nur unzureichend wieder.

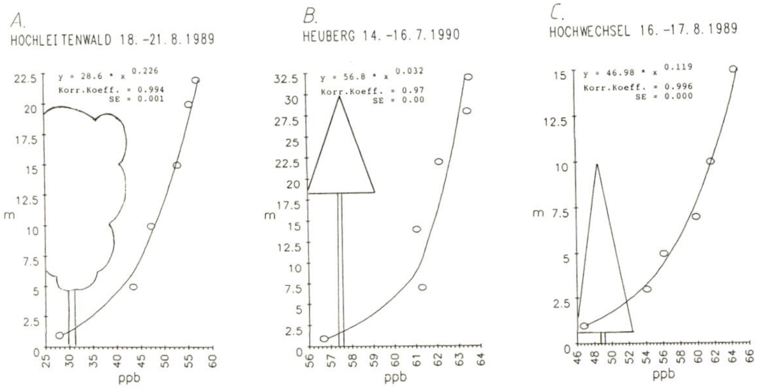

Mittlere Ozongehalte in verschiedenen Niveaus in Waldbeständen verschiedener Seehöhen:
A: Hochleitenwald 250 m,
B: Heuberg (Rosaliengebirge) 675 m
C: Hochwechsel 1145 m

Regional und überregional: Die Ozonbildung durch flüchtige organische Verbindungen und NO_x kann über Tage hinaus in Zusammenhang mit Sonnenlicht bei Schönwetterperioden zu erheblichen großräumigen Ozonbelastungen führen. Diese Belastungen bleiben über längere Zeit konstant, und das Ozon wird auch während der Nachtstunden nicht abgebaut.

Großräumig bis global: Weniger reaktionsfreudige flüchtige organische Verbindungen, Methan und Kohlenmonoxid können weit entfernt vom Emittenten mit NO_x und unter Einwirkung von Sonnenlicht reagieren und die Gesamtbilanz des Ozons der Troposphäre über eine Saison oder sogar über Jahre beeinflussen. Diese Hintergrundbelastung einer gesamten Hemisphäre bildet jene Basis, auf der sich dann regionale oder lokale Ozon-Belastungsspitzen aufbauen.

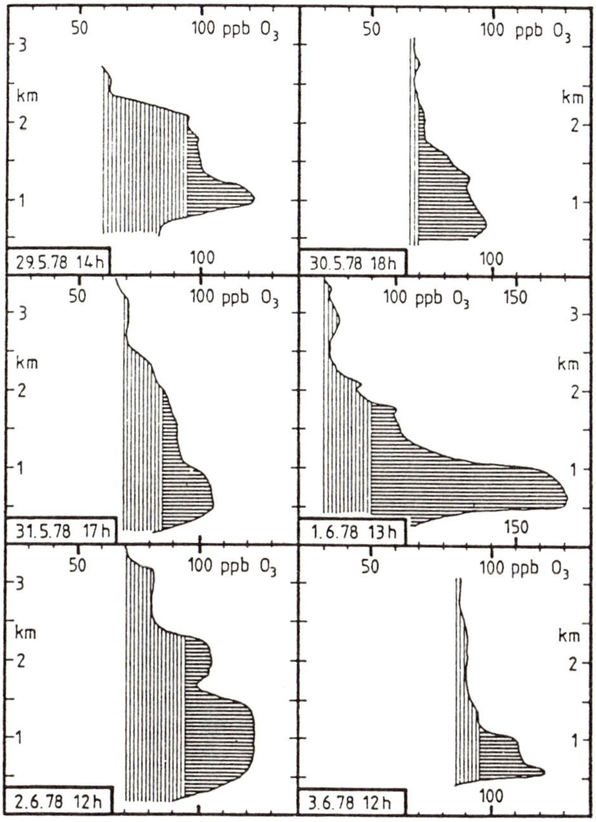

Ozon-Vertikalprofile vom 29. 5. 1978 bis 3. 6. 1978 zu verschiedenen Tageszeiten im Raum Köln/ Bonn. Senkrecht schraffiert: Großräumige Ozonbelastung im bodennahen Bereich, waagrecht schraffiert: lokaler Überschuß

Wetterbedingungen für photochemische Reaktionen

Für die Entstehung lokal und regional hoher Ozonkonzentrationen sind bestimmte Voraussetzungen günstig: Hohe Lufttemperatur, starke Einstrahlung, lange Sonnenscheindauer und geringe Luftbewegungen. Die immer wieder beobachtete niedrige Luftfeuchtigkeit ist eine Folge der Ozonbildung — die Aerosole lagern Feuchtigkeit an.
Temperaturen von mehr als 20 °C sind für ausgeprägte *Sommersmogbildung* Voraussetzung. Je höher die Intensität der einfallenden Strahlung im UV-Bereich (Ozonloch!), desto schneller erfolgt auch die Photodissoziation des Stickstoffdioxids (NO_2), und damit erhöht sich die Geschwindigkeit der photochemischen Ozonproduktion. Wolkenfreier Himmel fördert also die Ozonproduktion, bei starker Bewölkung wird sie fast vollständig unterdrückt.
Sind die höheren Luftschichten wärmer als die bodennahen, so spricht man von einer *Inversionswetterlage*. Die Primär- und Sekundärschadstoffe können sich in der freien Troposphäre nicht ausbreiten und werden somit in Bodennähe konzentriert. Innerhalb dieser bodennahen Inversionsschicht wird über Nacht das meiste Ozon durch trockene Deposition an der Erdoberfläche abgebaut. Bei Luftschichten oberhalb der Inversionsschicht ist das nicht möglich, es verbleibt viel Ozon über Nacht und vermehrt sich am folgenden (sonnenreichen) Tag. Die nächtliche bodennahe Inversionsschicht trägt also in den darüberliegenden Luftschichten zum Aufbau eines Ozonreservoirs bei, das während des Tages mit den übrigen Luftschichten vermischt wird. So wird die Lebensdauer des Ozons verlängert.
Den Unterschied der Ozonbelastung verschiedener Höhenlagen zeigt folgende Grafik:

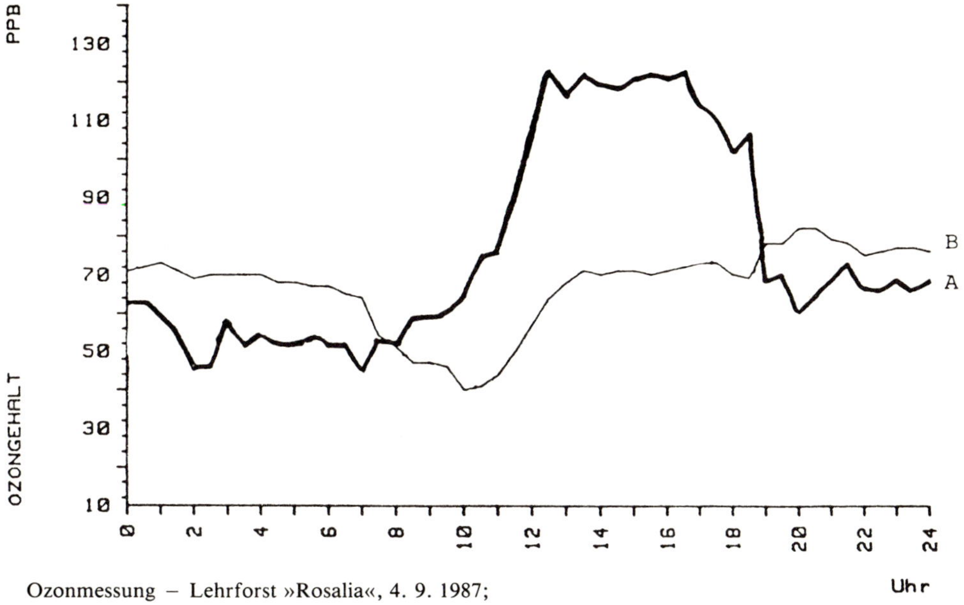

Ozonmessung – Lehrforst »Rosalia«, 4. 9. 1987;
A: Meßturm, Mehlbeerleiten, Basis 400 m;
B: Heuberg, Basis 675 m

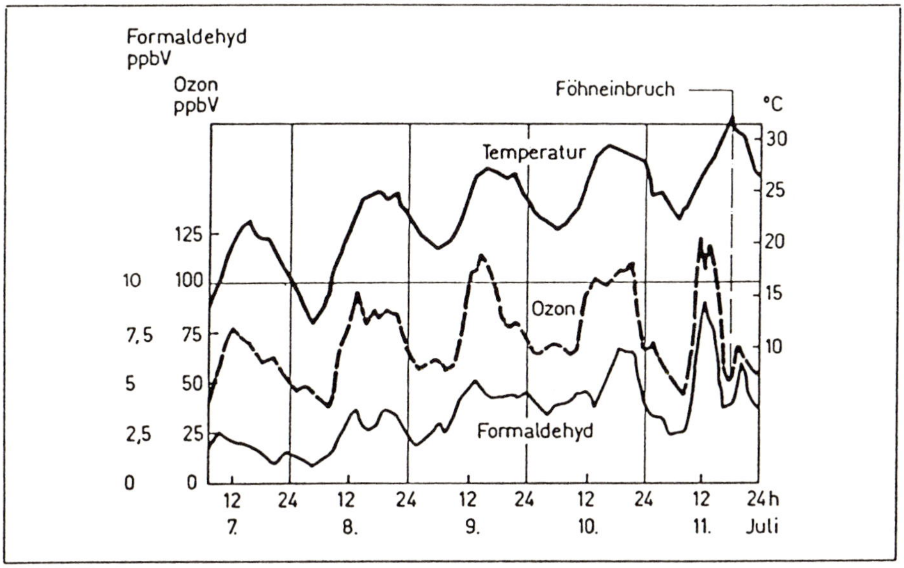

Der Ozongehalt steigt parallel zur Temperatur und zum Formaldehyd-Gehalt (HCHO, Abbauprodukt von Kohlenwasserstoff) und überschreitet während der letzten drei Tage der Hitzeperiode die Konzentration von 100 ppb. Der Föhneinbruch am 11. Juli verdrängt die bodennahe Smogluft durch Luftmassen aus der freien Troposphäre, so daß es zum Abfall der Ozon- und Formaldehydwerte kommt.

Wie sehr die Bildung von bodennahem Ozon mit der Temperatur und dem Schadstoffgehalt der Luft gekoppelt ist, zeigt eine Beobachtungsserie (siehe Abb. Seite 149) vom 7. bis 11. Juli 1984 von der Meßstation Albis, sechs Kilometer südwestlich vom Stadtzentrum von Zürich, 745 Meter ü. M.

Episoden der Ozonbildung

Während in der freien Troposphäre die Ozonbildung langsam, aber täglich vor sich geht, läuft in bodennahen Luftschichten, der sogenannten Mischzone, die Ozonbildung abhängig von der NO_x-Konzentration (ab etwa 30 ppt beginnt der Ozonaufbau) und der Sonneneinstrahlung ab. Bei einer austauscharmen Wetterlage, wie dies bei sommerlichen Hochdrucksituationen oft der Fall ist, erhöht sich der Ozongehalt beträchtlich. Die Werte steigen von Tag zu Tag, weil Restozon vom Vortag übrig bleibt, bis schließlich eine Schlechtwetterperiode mit heftigem Wind diesen Prozeß abbricht. Ein Beispiel dafür ist der Wettergang in Österreich zwischen dem 14. und 24. Juli 1986).

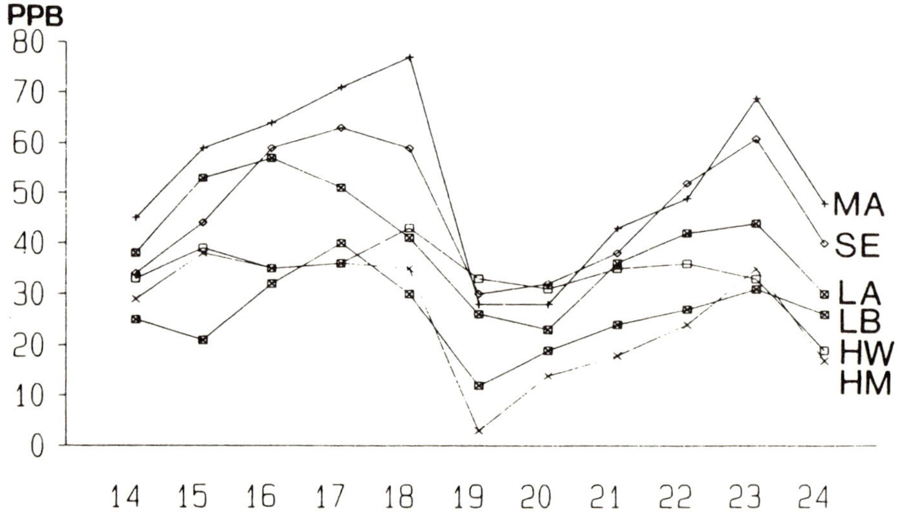

Tagesmittelwerte der Ozonkonzentration *(ppb)* an den Stationen Langen/Bregenz (LA), Hall/Münzergasse (HM), Mayrhofen/Ahornspitze (MA), Linz/Berufschule (LB), Schöneben (SE) und Hohe Warte (HW).

Zunächst überquert ein Hochdruckgebiet Österreich von West nach Ost. Die Tagesmittelwerte steigen bei allen Meßstationen an. Am 18. Juli kommt es zu einem Wetterumschwung. Im Osten des Landes setzt ein Luftmassenwechsel ein, heftiger Wind, und der Westen wird von einer aus dem Norden kommenden Kaltfront erfaßt. Die Temperatur geht in ganz Österreich zurück, Gewitterbildung erfolgt von Vorarlberg bis nach Oberösterreich. An allen Meßstationen ist an diesem Tag ab dem Nachmittag ein Abfallen der Ozonkonzentrationen zu registrieren. Nach zwei Tagen Störungseinfluß kommt es ab dem 21. Juli wieder zu einer Schönwetterperiode. Temperatur und Ozonkonzentration steigen wieder an.

Ozonbelastung der unteren Troposphäre in Europa

Die Ozonbelastung in den bodennahen Luftschichten schwankt örtlich und regional beträchtlich. Trotzdem kann als allgemeiner Trend festgestellt werden, daß die Ozonbelastung von Norden nach Süden und von Westen nach Osten zunimmt. Das gilt zumindest von Norden bis zu den Alpen und in östlicher Richtung bis hin zu den Grenzen der ehemaligen Ostblockländer. Aus diesen Ländern liegen nur wenige Daten vor, ebenso aus dem Mittelmeergebiet.
Ein ähnliches Bild ergeben die Ozon-Monatsmittelwerte (April – September) in $\mu g/m^3$ der Meßstationen des OXIDATE-Projektes der OECD vom Jahr 1985. Die Tendenzen gelten auch für andere Jahre, wenngleich einzelne Meßdaten variieren.

Station	April	Mai	Juni	Juli	Aug.	Sept.
Illmitz (Ö)	114	130	131	155	147	132
Gent (B)	33	37	33	56	37	38
Risö (DK)		87	80	64	58	50
Brotajacklriegel (D)	76	95	86	94		88
Deuselbach (D)	67	74	69	79	80	73
Langenbr.-Waldh. (D)	74	79	59	83	78	54
Schauinsland (D)	97	109	98	110	98	104

Station	April	Mai	Juni	Juli	Aug.	Sept.
Westerland (D)	68	85	83	76	75	75
Utö (SF)				80	86	73
Eibergen (NL)	54	61	49	51	37	32
Witteven (NL)	23		68	57	46	38
Birkenes (N)				53	51	44
Jelöya (N)	71	78	63	60	58	41
Langesund (N)	63	68	69	42		
Aspvreten (S)	92	97	53	62	41	36
Norra Kvill (S)				57	60	53
Ringamala (S)	80	95	70	60	41	29
Rörvik (S)	78	96	87	83	83	67
Vavihill (S)		106	75	68	65	74
Vindelen (S)				44	39	41
Bottesford (GB)	56	60	44	53	58	39
Harwell (GB)	86	78	64	66	59	67
Wray (GB)	70	72	63	57	59	51
Sibton (GB)	53	54	73		59	42
Payerne (CH)	70	72	63	94	82	74
Sion (CH)	80	82	74	74	69	54

Zit. nach: Ozon in der Schweiz, hg. v. Bundesamt für Umwelt, Wald und Landschaft (BUWAL), Bern, Februar 1989, S. 116

Die täglich gemessenen Ozonwerte hängen auch sehr stark davon ab, wo sich die Meßstation befindet, ob im Tal, nahe den Emittenten der Vorläufersubstanzen, in einer Hanglage oder auf einem Berg. Dementsprechend schwanken die Tagesgänge im Tal am meisten. Die Kurven werden mit zunehmender Höhe flacher, dafür nehmen die Mittelwerte zu.

Österreich weist schon aufgrund seiner geographischen Lage eine der höchsten Ozonbelastungen Mitteleuropas auf. Das läßt sich an den hohen Werten erkennen, die in Illmitz, im östlichsten Winkel Österreichs, gemessen wurden. Das Gebiet um Illmitz ist frei von Industrie, hat jedoch ein pannonisches Klima (trockene, heiße Sommer, wenig Niederschlag) und liegt etwa 60 Kilometer südöstlich der Industriezen-

tren Wiens und Niederösterreichs, also direkt in deren Abgasfahne.
Die **Bundesrepublik Deutschland** bietet auch ein uneinheitliches Bild bei der Ozonbelastung, fügt sich aber in den Trend ein. Die Werte sind vergleichbar mit denen in Österreich, wenngleich die Gesamtbilanz etwas günstiger ausfällt.
In der **Schweiz** variieren die Monatsmittelwerte und die Tagesmittelwerte sehr stark, wobei die schon vorher beschriebene Tendenz, daß höher gelegene Meßstationen auch höhere Werte aufzeigen, wieder zu bemerken ist. Die Situation ist ähnlich wie in Österreich.

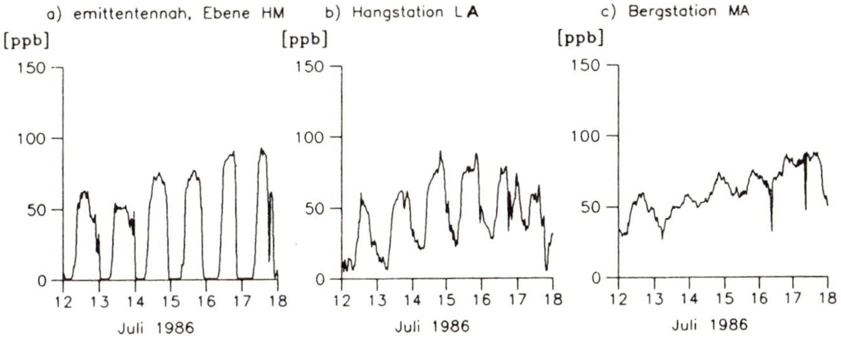

Typischer Tagesgang der Ozonkonzentrationen an einigen Schönwettertagen (13. – 17. 7. 1986)

Zusammenfassung

Die Bildung von Ozon im troposphärischen, bodennahen Bereich geschieht unter Einwirkung von Sonnenlicht hauptsächlich durch Luftschadstoffe, die von Menschen erzeugt werden.
In unseren Breiten hat sich seit der vorindustriellen Zeit die Gesamtbelastung der Troposphäre durch Ozon um das Zwei- bis Fünffache erhöht. In vorindustrieller Zeit hat die Ozonbelastung im Schnitt zehn ppb betragen, heute sind Durchschnittswerte von 30 bis 50 ppb bereits selbstverständlich. Auf dieser »Hintergrundbelastung« bauen sich die zusätzlichen Belastungsspitzen auf. Spitzenwerte liegen oft beim Zwanzigfachen der vorindustriellen Normalwerte.
Geringe Mengen werden auch durch elektrische Lichtbögen (Elektroschweißen ohne Schutzgas, Bürogeräte) erzeugt, die für die Gesamt-

bilanz ohne Bedeutung sind, jedoch am Arbeitsplatz durchaus Belastungen darstellen können. In Innenräumen baut sich Ozon jedoch wegen der großen Oberflächen (Möbel) rasch wieder ab.
Abhängig von der Temperatur, der Luftfeuchtigkeit, der Reaktionsfreudigkeit der beteiligten Substanzen und der Luftbewegungen entsteht Ozon lokal, regional oder überregional. Durch Verfrachtung von ozonreicher Fremdluft können auch zu untypischen Zeiten hohe Ozonkonzentrationen an Hanglagen auftreten.
In höheren Lagen und in vielen Reinluftgebieten ist die durchschnittliche Ozonbelastung oft größer als in tieferen Lagen. In tieferen Lagen wird Ozon durch trockene Deposition und durch chemische Reaktionen rasch wieder abgebaut. Allerdings können in Ballungsgebieten die Belastungsspitzen kurzzeitig sehr hoch sein.

Schäden durch bodennahes Ozon

Der Mensch

Ozon ist ein Reizgas, ein starkes und reaktionsfreudiges Oxidationsmittel, das wegen der geringen Wasserlöslichkeit tief in die Lunge eindringt.

Als besonders gefährdet gelten:

- Kinder
- Menschen, die im Freien arbeiten (Landwirte, Forstarbeiter, Bauarbeiter)
- Asthmatiker und
- Sportler

Tierversuche haben gezeigt, daß schon bei vergleichsweise niedrigen Ozonaufnahmen die Alveolen, die Lungenbläschen, angegriffen werden. Schon bei geringen Dauerbelastungen wurden Veränderungen an den Zellen der Lungenbläschen festgestellt. Als besonders empfindlich haben sich auch die Flimmerhärchen im Bronchialtrakt des Lungensystems erwiesen *(BUWAL, 1989)*.

Im gesamten Atmungssystem werden entzündliche Prozesse ausgelöst, es erfolgt eine Schädigung der Makrophagen, die für die Abwehr von Mikroorganismen wichtig sind. Damit verbunden sind Funktionsstörungen der Lunge und eine Beeinträchtigung der Infektionsabwehr. Im Tierversuch wurde eindeutig nachgewiesen, daß Infektionen schwerer verlaufen, wenn die Versuchstiere einer höheren Ozonkonzentration ausgesetzt wurden. Der Heilungsverlauf verlangsamte sich. Die körperliche Leistungsfähigkeit wird herabgesetzt, wobei die Empfindlichkeit von Person zu Person sehr verschieden sein kann. Es sind nicht nur vorgeschädigte Menschen betroffen, sondern auch gesunde. Im Zusammenwirken mit anderen Luftschadstoffen wirkt Ozon noch verstärkend.

Mehrere in Österreich durchgeführte Studien zeigten, daß Kinder unter Belastungssituationen, die im Sommer häufig sind, deutliche Defizite bei der Lungenfunktion aufwiesen. In Tirol wurde bei Kindern, deren

Wohnort in einer Höhe von etwa 1.000 Meter über dem Meer liegt, wo die ständige Ozonbelastung hoch ist, verminderte Lungenfunktion und Verengung der Bronchien festgestellt. Chronische Bronchienverengung kann zu Asthma führen.
Während auffälliger Ozonbelastung wurden bis zu dreimal mehr Fälle von Pseudokrupp festgestellt, einer entzündlichen Verengung des Kehlkopfes, die bei Säuglingen und Kleinkindern zu starken Atemschwierigkeiten führt *(Global 2000)*.
Erwiesen ist, daß die Auswirkungen von Ozon bei körperlicher Betätigung mit erhöhter Atemfrequenz zunehmen. Dies betrifft vor allem Personen, die intensiv Ausdauersport betreiben oder im Freien Schwerarbeit leisten. Es betrifft aber vor allem auch Kinder, die bei schönem Wetter draußen sind und dort ihrem Bewegungsdrang freien Lauf lassen.
Bei längerer Belastung können geringere Ozon-Konzentrationen dieselben Folgen aufweisen wie kurzzeitige Spitzenwerte. Alle Ozon-Alarmpläne, die gegenwärtig in Kraft sind, gehen jedoch von Spitzenwerten aus, die erst einmal überschritten sein müssen, bevor gegengesteuert wird. Die Meßergebnisse zeigen übrigens, daß im Verlauf des Sommerhalbjahres bei Schönwetterperioden die Ozonmaxima oft über mehrere Stunden erhalten bleiben. Der höchste Ein-Stunden-Mittelwert unterscheidet sich oft kaum vom Acht-Stunden-Mittelwert des gleichen Tages *(BUWAL, 1989)*.
In Labortests wurden Reaktionen beobachtet, wie sie auch nach Röntgenbestrahlung gefunden wurden. Das heißt, es ist nicht auszuschließen, daß erhöhte Ozonbelastung die Krebsentstehung fördert und auch die Erbsubstanz verändern kann. Eine eindeutige Beurteilung ist in dieser Hinsicht jedoch noch nicht möglich *(BUWAL 1989)*.

Ozonkonzentrationen und ihre Auswirkungen	
20 ppb	Geruchsschwelle
50 ppb	Auftreten von Kopfschmerzen
60 ppb	Bei empfindlichen Personen Auftreten von Hustenreiz und Augenbrennen. Asthmatiker beginnen unter Atemnot zu leiden. Bei Sportlern sinkt die körperliche Leistungsfähigkeit.

80 ppb	Lungenfunktionsstörungen treten auch bei gesunden Personen auf.
100 ppb	Schleimhautreizungen, Augenreizungen, Lungenfunktionsstörungen bei zehn Prozent der Empfindlichen und bei fünf Prozent der Gesamtbevölkerung. Amerikanische Studien stellten bei einem Drittel der untersuchten Kinder Atembeschwerden und ein um 16 Prozent verringertes Atemvolumen fest. Weitere Symptome: Druckgefühl unter dem Brustbein, Erhöhung der Zahl der weißen Blutkörperchen (= Aktivierung des Immunsystems).
120 ppb	Zunahme von Asthmaanfällen
150 ppb	Risikogruppen erleiden bleibende Gesundheitsschäden
200 ppb	Bleibende Gesundheitsschäden auch bei Gesunden, Einschränkung der Augenmuskeltätigkeit.

Zusammenfassung

Ozon greift die Schleimhäute an und führt zu Reizungen und Entzündungen, in erster Linie sind die Atmungsorgane betroffen. Die Schädigung steigt mit der Dosis. Die Lungenfunktion sinkt, ebenso das Atemvolumen. Der Atemwegswiderstand steigt an. Es kommt zu Reizhusten und zur Unterdrückung von Abwehrmechanismen bei Infektionen. Über die Auswirkung von ständiger Belastung gibt es einige Studien, die zeigen, daß für die Bevölkerung ein erhöhtes Risiko für chronisch obstruktive Atemwegserkrankungen besteht. Das Problem der Auswirkungen von Dauerbelastung muß allerdings noch genauer untersucht werden. Die Leistungsfähigkeit von Personen sinkt mit dem Ansteigen der Ozonwerte.

Alle geschilderten Symptome treten nicht nur bei hohen Spitzenbelastungen auf, sondern bei längerer Belastung auch bei vergleichsweise niedrigeren Werten. Die Auffassung, daß der Mensch nur bei kurzzeitigen hohen Ozonbelastungen reagiert, mittlere Dauerbelastungen aber toleriert, ist nicht mehr zu halten.

Labortests haben Symptome gezeigt, die auf Mutagenität und Mithilfe bei der Entstehung von Krebs hindeuten. Besonders betroffen sind Kinder, vorgeschädigte Personen (Asthmatiker), Menschen, die im Freien arbeiten (Landwirte, Bauarbeiter), und Sportler.

Schäden an der Vegetation

Ozon gilt inzwischen als Vegetationsschädling Nummer 1; es ist an 90 Prozent aller Pflanzenschäden beteiligt. Laut WHO gilt eine Belastung von 30 ppb bereits als schädigend. Dieser Wert wird in unseren Breiten im Sommer täglich überschritten, und zwar beträchtlich.

Wie schon früher erwähnt, erfolgt die trockene Deposition von Ozon, also der Ozonabbau an Oberflächen, die Vegetation aufweisen, am raschesten. Das heißt aber andererseits, daß die Pflanzen viel Ozon aufnehmen und dabei selbst geschädigt werden.

Ozon stört die Photosynthese der Blätter. Die Pflanzen können nicht mehr genügend CO_2 aufnehmen und verarbeiten. Im pflanzlichen Organismus ist der Apparat zur Photosynthese einer der empfindlichsten Angriffspunkte für Schadstoffe, dabei bleiben die Schäden anfangs für den Betrachter unsichtbar. Diese latente Schädigung läßt sich aber experimentell nachweisen.

So haben Schweizer Untersuchungen an der Weißtanne, die eher zu den weniger ozonempfindlichen Baumarten zählt, gezeigt, daß unter Ozonbelastungen, wie sie während der Vegetationsperiode inzwischen regelmäßig auftreten, bereits nach sechs Wochen eine deutlich verringerte Photosyntheseleistung auftritt, ohne eine Schädigung für das Auge sichtbar werden zu lassen. Bei allen Bäumen, also bei Nadel- und Laubbäumen, aber auch bei landwirtschaftlichen Kulturpflanzen, gibt es einen engen Zusammenhang zwischen Ozondosis und Hemmung der Photosynthese. Dieser Zusammenhang wurde auch für Ozondosis und Wachstumshemmung festgestellt. Durch die Wachstumshemmung ist besonders der Wurzelbereich betroffen, so daß das Verhältnis Sproß- zu Wurzelwachstum verschoben wird, was wiederum zu einer höheren Empfindlichkeit gegenüber Trockenperioden führt.

Obgleich alle Pflanzenarten unter Ozonstreß leiden, gibt es doch unterschiedliche Grade der Empfindlichkeit. Am empfindlichsten sind landwirtschaftliche Kulturpflanzen, es folgen die Laubhölzer und schließlich die Nadelbäume.

Aufgrund von Hochrechnungen wird geschätzt, daß in der Schweiz bei landwirtschaftlichen und gärtnerischen Kulturen mit Ertragseinbußen durch Ozonbelastung von fünf bis 15 Prozent gerechnet werden

muß. Diese Werte dürfen auch für andere vergleichbare Länder, wie Deutschland und Österreich, angenommen werden.
Die Ozonbelastung geht oft mit anderen Schädigungen durch sauren Regen und NO_2 einher. Hier ergeben sich Koppelungseffekte, die zur Verstärkung einzelner Schadwirkungen führen.

Zusammenfassung

Pflanzen reagieren besonders empfindlich auf Ozon und andere Oxidantien. Je nach Belastungsdauer, Konzentration und Empfindlichkeit der Pflanzen und abhängig von den klimatischen Bedingungen sowie anderen Streßfaktoren kommt es zu akuten, chronischen und latenten Schäden. Die akuten Schäden zeigen sich als Nekrosen und Blattverfärbungen sowie durch Blattabfall. Chronische Schäden haben als sichtbare Folgen *Chlorosen,* also Verfärbung der Blätter (Nadeln), Wachstumsstörungen und Kronenauslichtungen zur Folge. Die latenten Schäden sind nicht sichtbar. Die Auswirkungen sind Wachstums- und Ertragsminderungen, gestörte Symbiosen mit Mikroorganismen, erhöhte Anfälligkeit gegen Pilzkrankheiten und tierische Schädlinge, verminderte Resistenz gegenüber Frost und Trockenheit sowie vorzeitiges Altern der Pflanzen. Die Ozonbelastungen, die für Pflanzen schädigend wirken, werden während der Sommermonate regelmäßig erreicht und überschritten. Zu beachten ist, daß in Ländern mit hohem Gebirgsanteil, wie in der Schweiz und in Österreich, der Wald zu einem hohen Prozentsatz Schutzfunktion hat. Ein ausgedehntes Waldsterben hat also nicht nur Verluste für die Forstwirtschaft und für den Tourismus zur Folge, sondern bedroht die Lebensräume der Bevölkerung direkt.

Auswirkungen auf das Klima

Ozon (O_3) gehört neben Kohlendioxid (CO_2), Methan (CH_4), den Fluorchlorkohlenwasserstoffen (FCKW) und Lachgas (N_2O) zu den *klimawirksamen Gasen.* Der zusätzliche Treibhauseffekt des Kohlen-

dioxids aus Verbrennungsprozessen wird inzwischen durch die Wirkung dieser Schadstoffe verdoppelt!
Wie Meßreihen zeigen, hat sich der Anteil des Ozons in der Troposphäre der Nordhalbkugel seit Beginn dieses Jahrhunderts jährlich um ein bis zwei Prozent erhöht. Dieser Trend dürfte weiter anhalten. Der Anteil des Ozons am globalen Treibhauseffekt wird auf acht bis zehn Prozent geschätzt. Die vier wärmsten Jahre der letzten 130 Jahre hatten wir im vergangenen Jahrzehnt! Durch die Pufferwirkung der Ozeane ist der Temperaturanstieg der Erdatmosphäre nicht so hoch ausgefallen, wie dies nach Modellrechnungen der Fall hätte sein müssen, jedoch bedeutet das nur eine Verzögerung um zwei Jahrzehnte, nicht aber ein Verhindern auf Dauer.
Neben dem sparsameren Umgang mit fossiler Energie, um den Ausstoß von CO_2 zu reduzieren, wird es also auch notwendig sein, alle Gasemissionen auf ihre Treibhauswirkung zu prüfen (FKW!) und die Ozonkonzentration nicht weiter wachsen zu lassen. Dazu ist die wichtigste Maßnahme, die Emission von Stickoxiden und Kohlenwasserstoffen einzuschränken, da beide für die Bildung von Photooxidantien hauptverantwortlich sind.

Gesetzliche Regelungen gegen bodennahes Ozon

Österreich, Bundesrepublik Deutschland und die Schweiz

Österreich

In Österreich gibt es mehrere Gesetze, die auf Emissionen von Ozon-Vorläufersubstanzen Bezug nehmen.
Eine Verordnung schränkt seit 1. Juli 1992 den Gebrauch von Lösemitteln ein, die chlorierte Kohlenwasserstoffe oder Benzol enthalten. Verbote und Beschränkungen sind je nach Anwendungsgebiet bis zum Jahr 1996 gestaffelt. Eine neue Lösemittelverordnung ist im Gespräch.
Für alle neu zugelassenen Pkw besteht die Verpflichtung zum *Dreiweg-Katalysator*. Die Abgaswerte, die gesetzlich für Autos vorgeschrieben sind, können nur mit diesen Katalysatoren erreicht werden, die Schadstoffemissionen werden dadurch um 90 Prozent verringert.
In Österreich ist am 1. Mai 1992 das Ozongesetz wirksam geworden. Es sieht folgende Punkte vor:
Das Bundesgebiet wird in einzelne Überwachungsgebiete eingeteilt, die jeweils mit mindestens drei Meßstellen ausgerüstet werden. Diese Meßstellen sind wiederum in einem Datenverbund zusammengefaßt. In den einzelnen Überwachungsgebieten wird täglich ein Luftgütebericht verlautbart.

Grenzwerte und Maßnahmen	
Vorwarnstufe	100 ppb werden an zwei Meßstellen überschritten
Warnstufe I	130 ppb an zwei Meßstellen mit voraussichtlicher Steigerung auf 150 ppb innerhalb von 24 Stunden
Warnstufe II	180 ppb an zwei Meßstellen mit voraussichtlicher Steigerung auf 200 ppb innerhalb von 24 Stunden
Entwarnung	Die Grenzwerte werden bei allen Meßstellen unterschritten.

Die Warnwerte sind als Drei-Stunden-Mittelwerte definiert.

1. Maßnahmen bei Grenzwertüberschreitungen:

Bei allen Warnstufen muß der Landeshauptmann die Bevölkerung in dem betroffenen Überwachungsgebiet informieren und der Bevölkerung Empfehlungen für die richtige Verhaltensweise geben. Dies gilt besonders für Risikogruppen. Auch die Schulbehörden müssen informiert werden.
Während der Dauer der Warnstufe II sind im Überwachungsgebiet schulische Wandertage, sportliche Veranstaltungen im Freien und Kindergartenausflüge untersagt. Weiters hat der Landeshauptmann Anordnungen zu treffen, um die Emission von Vorläufersubstanzen zu bremsen. Dies können sein: Verbot oder Beschränkung von Kfz-Verkehr, Drosselung oder Stillegung von Anlagen, Beschränkung oder Verbot des Einsatzes von Lösungsmitteln, Beschränkung oder Verbot des Verbrennens von biogenen Materialien außerhalb von Anlagen. Von den Verkehrsbeschränkungen ausgenommen sind: Fahrzeuge des öffentlichen Dienstes, Fahrzeuge mit Elektromotor, Fahrzeuge, die vorgeschriebene Schadstoffgrenzwerte einhalten, Eisenbahn-, Schiffs- und Linienflugverkehr, Rettungsdienste und andere Einsatzfahrzeuge. Für jene Überwachungsgebiete, in denen die Vorwarnstufe mehr als einmal im Jahr ausgelöst wird, hat der Landeshauptmann innerhalb von zwei Jahren einen Sanierungsplan auszuarbeiten. In diesem Plan müssen berücksichtigt sein: Immissionssituation, meteorologische Verhältnisse, Emissionskataster der Vorläufersubstanzen, umfassende Einschätzung der Entwicklung und emissionsmindernde Maßnahmen.

2. Langfristige Ziele:

Reduktion der Vorläufersubstanzen (NO_x und VOC) bezogen auf die Emissionen von NO_x des Jahres 1985 und der flüchtigen organischen Verbindungen des Jahres 1988:
um mindestens 40 Prozent bis 31. Dezember 1996
um mindestens 60 Prozent bis 31. Dezember 2001
um mindestens 70 Prozent bis 31. Dezember 2006
Die Bundesregierung ist verpflichtet, zur Halbzeit der Etappen dem Parlament einen Bericht vorzulegen.

3. Maßnahmen zur Erfüllung der Reduktionsziele:

Diese Maßnahmen sind als Ersuchen des Parlamentes an die jeweils zuständigen Minister formuliert.

- Strengere Abgaswerte für Lkw bei NO_x und Kohlenwasserstoffen, ab 1. 10. 1995 bei Typengenehmigungen und ab 1. 10. 1996 bei Erstzulassungen verbindlich.
- Emissionsgrenzwerte für Pkw ab 1. 1. 1996 dem Stand der Technik entsprechend verbindlich.
- Verringerung der tatsächlichen Geschwindigkeit auf Autobahnen.
- Neue Grenzwerte für landwirtschaftliche Kfz dem Stand der Technik entsprechend.
- Bis 1. 6. 1992 Verordnung zur Ausrüstung der Tankstellen mit Gaspendelleitungen.
- Effiziente Wartung und Kontrolle von Kleinfeuerungsanlagen.
- Neue Grenzwerte für Stickoxide bei Kesselanlagen und sonstigen Feuerungsanlagen bis 1993.
- 2. Lösungsmittelverordnung für Reinigungs- und Pflegemittel.
- Reglementierung des Verbrennens von biogenen Materialien.
- Erhöhung der Förderungsmittel zur Minderung der Emissionen von flüchtigen organischen Verbindungen.
- Vorschläge zur Schaffung ökonomischer Instrumente zur Reduzierung von Vorläufersubstanzen.
- Erstellung eines Energiekonzeptes.
- Maßnahmen zur Förderung des öffentlichen Verkehrs, des kombinierten Verkehrs, des Gütertransportes auf dem Wasserweg und der Park-and-Ride-Systeme.
- Ausarbeitung von Energiesparmaßnahmen.

Bundesrepublik Deutschland

In Deutschland gibt es keine gesetzlichen Vorschriften, um die Immission von Ozon zu beschränken oder um Alarmpläne beim Überschreiten von Grenzwerten zu aktivieren.

Schweiz

In der Schweiz gelten folgende Grenzwerte: 60 ppb beim Ein-Stunden-Mittelwert und 50 ppb, wenn 98 Prozent der halbstündlichen Mittelwerte eines Monats darüber liegen. Für die einzelnen Kantone sind eigene Maßnahmenkataloge ausgearbeitet worden. In der Schweiz geht man davon aus, daß kurzfristige Maßnahmen keine Abhilfe bringen, weil Ozon verfrachtet wird und hohe Konzentrationen auch weitab der Emissionsquellen der Vorläufersubstanzen auftreten. Es werden Empfehlungen an die Bevölkerung für richtiges Verhalten im Falle eines Ozonalarmes und bei erwarteten höheren Belastungen während trockener Schönwetterperioden im Sommer abgegeben. Eine Verbesserung der Situation kann nur langfristig durch Reduzierung der Vorläufersubstanzen erreicht werden. Bis 1995 soll der Ausstoß von Stickoxiden und Kohlenwasserstoffen auf die Werte des Jahres 1960 gesenkt werden.

Kritik an den bestehenden Regelungen

Als in Österreich im Frühjahr 1992 erstmals ein Ozongesetz verabschiedet wurde, gab es eine heftige Diskussion. Während das Umweltministerium darauf hinwies, daß dieses Gesetz zu den modernsten seiner Art überhaupt gehört, was im internationalen Vergleich ja auch großteils stimmt, aber über die Qualität des Gesetzes selbst noch nichts aussagt, haben Grüne und Umweltgruppen daran heftige Kritik geübt. Die hier angeführten Kritikpunkte betreffen aber nicht nur die österreichische Gesetzeslage, sondern gelten allgemein und besonders dort, wo noch überhaupt keine Regelungen getroffen worden sind.
Die Grenzwerte sind zu hoch angesetzt. Sie berücksichtigen nur die

akuten Schäden, die bei Menschen auftreten können, nicht jedoch jene bei den auf Dauer viel empfindlicheren Pflanzen. Die Grenzwerte sind so festgelegt, daß sie kaum oder selten erreicht werden. Die Festlegung, daß die Grenzwertüberschreitung an zwei (von oft nur drei) Meßstellen registriert werden muß, stellt eine zusätzliche Schwelle dar, obwohl auch im Bereich der einen Meßstelle, die überhöhte Werte feststellt, die Ozonbelastung gefährlich ist. Es fehlt die Koordination der Landeshauptmänner, denn Einzelaktionen eines Landeshauptmannes sind sinnlos, wenn die Emissionsquellen für die Vorläufersubstanzen in einem anderen Bundesland liegen (Wien und benachbarte Bundesländer!). Das Gesetz tendiert zum Abflachen der Spitzenwerte, setzt aber zu wenige konkrete Maßnahmen zur Verbesserung der Grundsituation. Wenn der Ozonalarm ausgelöst wird, sind dem Landeshauptmann keine zwingenden Maßnahmen vorgeschrieben, außer Informationspflicht und Absage von Schulausflügen. Die Einschränkung des Straßenverkehrs oder das Abschalten von Anlagen liegt in seinem freien Ermessen.

Die Durchführungszeiträume sind zu lang, so daß im Jahre 1992 das Gesetz noch nicht wirksam werden muß, weil die Einteilung in Überwachungsgebiete und das Meßnetzkonzept erst sechs Monate nach Beschluß des Gesetzes vorliegen müssen und der Datenverbund erst nach spätestens achtzehn Monaten einzurichten ist.

Bei den längerfristigen Maßnahmen sind zu wenige wirksame Schritte vorgesehen. Es fehlt eine Senkung des Tempolimits auf 80 km/h auf Bundesstraßen und 100 km/h auf Autobahnen, zumindest für die Sommermonate. Die Entsorgung der bei den Gaspendelsystemen gesammelten Kohlenwasserstoffe ist nicht geregelt. Derzeit werden sie bei den Sammelstellen vielfach noch in die Luft geblasen oder abgefackelt.

Technisch und ökonomisch wären viel wirksamere Schritte möglich gewesen.

Das gesamte menschliche Handeln setzt sich aus Verhaltensweisen einzelner zusammen. Daher liegt es sicher auch, aber nicht nur, an jedem einzelnen, daß Mißstände auftreten und ob diese Mißstände wieder beseitigt werden.
Was kann man also gegen die künftige Zerstörung der Ozonschicht machen?

Scha

Schaur
dunger
Luft us
freien
potenti
nen Ma
Für der
Fülltech
FCKW-
Hausba
Weichfa
Stoffe sc
ein gesu
achten,
nicht üb
und ande
in moder
daher sol
hen. Sch
hier kann
wurde od
Vermeidu

Haush

Diese enth
und weiter
schon entw
danach fr
FCKW-fre
nach! Bei d
Entsorgung

Kühlschränke ordentlich entsorgen. Im Bundesland Burgenland in Österreich wird diese Entsorgung sogar durch das Land unterstützt. Bei den alten Kühlschränken wird zunächst das Kühlmittel abgesaugt. Der Kühlschrank selbst wird dann unter Luftabschluß geschreddert, und die in der Isolierung enthaltenen FCKW werden ebenfalls abgesaugt und gesammelt. Die FCKW werden derzeit einer Wiederverwertung zugeführt, künftig sollen sie zerstört werden. (Für den Verbraucher kostet die Entsorgung eines Kühlschrankes derzeit öS 600. – .)

Klimaanlagen und Feuerlöscher

Klimaanlagen enthalten große Mengen an FCKW. Sehen Sie in Ihrer Wohnung oder in Ihrem Haus eine natürliche Klimatisierung vor, etwa durch Pflanzgärten und durch vernünftige Anordnung der Räume. Sie schaffen sich damit nicht nur ein angenehmeres, sondern auch ein gesünderes Wohnklima.
Bei **Feuerlöschern** gibt es heute schon Alternativen zu den Halonen, die ein überaus hohes Ozonabbaupotential besitzen. Bei der nächsten Überprüfung Ihres Handfeuerlöschers fürs Auto steigen Sie auf CO_2-, Pulver- oder Schaumlöscher um.

Reinigungs- und Lösemittel

Dies ist ein weiteres bedeutendes Anwendungsgebiet für FCKW. Hier kommen allerdings hauptsächlich andere chlorierte Kohlenwasserstoffe, wie 1,1,1-Trichlorethan, Trichlorethylen oder Tetrachlorkohlenstoff, in Betracht. Sie alle haben viele unerwünschte Eigenschaften. Vor allem haben sie ein hohes Durchdringungsvermögen, was sie ja zu idealen Reinigungsmitteln macht; sie dringen auch in feine Ritzen ein. Chlorierte Kohlenwasserstoffe dringen aber auch sehr schnell in den Boden ein und erreichen in kurzer Zeit das Grundwasser. Viele große Grundwasservorkommen sind heute schon durch chlorierte Kohlenwasserstoffe verseucht und damit für die Versorgung der Bevölkerung mit Wasser unbrauchbar geworden. Ein Beispiel dafür, welche katastrophalen Auswirkungen möglich sind, ist die Mitterndorfer Senke, 30 Kilometer südlich von Wien, einer der größten Grundwasserseen Mitteleuropas. Die Bevölkerung darf aus diesem Grundwasser nicht mehr versorgt werden, die Aufbereitung des verseuchten Wassers ist aufwendig und teuer.

Das Durchdringungsvermögen von chlorierten Kohlenwasserstoffen ist so groß, daß selbst dichter Beton sie nicht aufhalten kann, das Grundwasser zu verseuchen. Bisher als geordnet geltende Mülldeponien mit einer dichten Betonwanne sind also nicht geeignet, um solche Lösungsmittel vom Grundwasser fernzuhalten. 1,1,1-Trichlorethan und Tetrachlorkohlenstoff weisen auch hohe Ozonzerstörungspotentiale auf und sind daher auch in die internationalen Abkommen eingeschlossen worden.

Achten Sie daher beim Kauf von Farben und Lacken, bei Mitteln gegen Insekten, Fleckentfernern, Klebern und Holzleim, Teppichreinigungsmitteln und Polituren darauf, welche Lösungsmittel und welche anderen Inhaltsstoffe auf der Verpackung angegeben sind. Alle diese Produkte werden auch schon ohne chlorierte Kohlenwasserstoffe angeboten.

Generell kann gesagt werden: Befassen Sie sich gedanklich mit all diesen Problemen und mit dieser Materie, und Sie werden das notwendige Wissen erwerben und die notwendige Sensibilität entwickeln, um leichten Herzens auf Produkte verzichten zu können, die unsere Ozonschicht angreifen und auch aus anderen Gründen ökologisch bedenklich sind. Wenn Sie bei der Lektüre dieses Buches bis hierher gekommen sind, dürfte Ihnen so manche Kaufentscheidung und so manche Produktauswahl schon aus dem Wissen um die Zusammenhänge leichter fallen.

100 DU. Diese Maßeinheit sagt jedoch nichts darüber aus, in welchen Schichten der Atmosphäre sich das Ozon befindet.

Enquete-Kommission des Deutschen Bundestages: Gremium von Wissenschaftlern und Politikern zur Beratung des deutschen Gesetzgebers in Angelegenheiten zum Schutz der Erdatmosphäre; veröffentlicht Berichte mit wissenschaftlichen Daten und Maßnahmenkatalogen.

Flüchtige organische Verbindungen (VOC): Generelle Bezeichnung von organischen Verbindungen, die unter Einwirkung von Sonnenlicht mit anderen Stoffen reagieren und atmosphärisches Ozon bilden; tragen vor allem zur Bildung von Ozon im bodennahen Bereich bei.

Fluorchlorkohlenwasserstoffe (FCKW): Kohlenwasserstoffe, bei denen alle Wasserstoffatome durch Fluor- und Chloratome ersetzt worden sind. Die Bezeichnung erfolgt durch ein numerisches System, bei dem die letzte Zahl die Anzahl der Fluoratome bezeichnet, die vorletzte Zahl die Zahl der Wasserstoffatome $+1$ und die drittletzte Zahl die Zahl der Kohlenstoffatome -1. Wenn das Molekül nur ein Kohlenstoffatom enthält, wird diese Zahl weggelassen. Die Zahl der Chloratome wird nicht angegeben, sondern errechnet sich aus der fehlenden Anzahl von Atomen in einer gesättigten Kohlenstoffverbindung: Gesamtatome $= n$(Kohlenstoffatome) $+ (2n+2)$. Beispiel: FCKW 113: 3 Fluoratome, 0 Wasserstoffatome $(0+1)$, 2 Kohlenstoffatome $(2-1)$. Gesamtatome: $2+(2\times2+2) = 8$. Daher $8-5 = 3$ Chloratome.

Hartschaum: Schaum mit geschlossenen Poren, bei denen das Treibmittel im Schaum verbleibt. Verwendung als Isoliermittel und als Konstruktionselement.

Katalysator, katalytisch: Chemische Reaktion unter Beteiligung einer Substanz, die am Ende der Reaktion wieder unverändert daraus hervorgeht. Katalysatoren wirken somit schon bei sehr geringen Konzentrationen und können hunderttausendmal dieselbe chemische Reaktion auslösen.

Melanom: Hautkrebs mit ausgeprägter Metastasenbildung. Heilungschance etwa 50 Prozent. Melanome werden wahrscheinlich durch UV-Licht gefördert, wobei besonders öfterer, schwerer Sonnenbrand im Kindes- und Jugendalter als Auslöser gilt.

Nanometer (nm): 0,000 000 001 m, Maßeinheit für die Wellenlänge des

Lichtes. Sichtbares Licht reicht von 380 – 760 nm, UV-Licht bis etwa 400 nm, Infrarotlicht von 760 nm aufwärts.

Ozon: Molekül aus drei Sauerstoffatomen. Kommt in Konzentrationen im Bereich von →ppm in der Erdatmosphäre vor.

»Gutes« Ozon: Ozon schützt die Erde vor schädlicher UV-B-Strahlung. 90 Prozent des Ozons kommen in der Stratosphäre vor, der Rest in der Troposphäre. In der Stratosphäre wird Ozon durch Chlor- und Bromverbindungen angegriffen →Ozonloch.

»Böses« Ozon: Im bodennahen Bereich ist Ozon ein Reizgas, das auf Pflanzen, Tiere und Mensch schädigend wirkt. Beim Menschen ist vor allem der Atmungsapparat betroffen. Bei Pflanzen wird die Photosynthese geschädigt. Ozon gilt als ein Hauptverursacher der Waldschäden. In bodennahen Schichten wird Ozon vermehrt durch Stickoxide und Sonnenlicht aus organischen Kohlenstoffverbindungen gebildet.

Ozonloch: Abnahme des stratosphärischen Ozons um mehr als 50 Prozent. Über der Antarktis wird seit 1980 jährlich im Frühjahr diese drastische Abnahme beobachtet. Über der Arktis haben meteorologische Bedingungen trotz hoher Chlorkonzentrationen bisher die Entstehung eines Ozonloches verhindert, jedoch wird mit einem Ozonloch für die kommenden Jahre gerechnet. Für die Entstehung eines Ozonloches sind hohe Chlorkonzentrationen und tiefe Temperaturen von etwa – 80 °C notwendig. Am rasanten Ozonabbau sind stratosphärische Wolken beteiligt, deren Bildung erst bei diesen tiefen Temperaturen möglich ist.

Ozonzerstörungspotential (ODP, ozone depleting potential): Meßzahl, die die Fähigkeit einer Substanz zur Zerstörung der stratosphärischen Ozonschicht angibt. Als Vergleich wird FCKW R 11 mit dem ODP-Wert von eins herangezogen.

ppm, ppb, ppt: (engl.) parts per million (10^{-6}), parts per billion (dt. Milliarde) (10^{-9}), parts per trillion (dt. Billion) (10^{-12}). Gibt die Konzentration eines Stoffes im Vergleich zu den übrigen Atomen in einem Stoffgemisch an. 1 ppm = 1 : 1 000 000. 1 ppb = 1 : 1 000 000 000, 1 ppt = 1 : 1 000 000 000 000.

Protokoll von London: 1990, Vereinbarung zum Ausstieg aus ozonzerstörenden Substanzen bis zum Jahr 2000. Enthält als Weiterführung des →Protokolls von Montreal eine umfangreichere Stoffliste und frühere Ausstiegsszenarien, bleibt jedoch hinter den technischen und politischen Möglichkeiten zurück. Ein Schließen des Ozonloches über der Antarktis wird durch Einhaltung des Protokolls von London frühestens in etwa 100 Jahren möglich.

Protokoll von Montreal: 1987, Vereinbarung zur Reduktion ozonzerstörender Substanzen um 50 Prozent bis zum Jahr 2000. Für den Schutz der Erdatmosphäre unzureichend, jedoch als erste internationale Vereinbarung mit konkreten Maßnahmen politisch und psychologisch von Bedeutung.

Reservoir-(Depot-)Substanz: Chemisch träge Verbindung, die unter bestimmten Voraussetzungen aber aufgespalten wird und damit reaktionsfreudige Atome und Radikale freisetzt. Zum Beispiel werden Chloratome in der Stratosphäre an Stickoxide gebunden und bilden so ein Reservoir. Unter Mitwirkung von stratosphärischen Wolken werden diese Reservoire aufgebrochen, so daß die Konzentration von radikalen Chlorverbindungen schlagartig steigt und zum rapiden Abbau des stratosphärischen Ozons führt. →Ozonloch.

Spurengase: Gasförmige Bestandteile der Atmosphäre, die in sehr niedrigen Konzentrationen vorkommen. Wegen der relativ geringen Menge kann die Bilanz der Spurengase in der Atmosphäre durch menschliche Aktivitäten beeinflußt werden. Spurengase haben einen großen Einfluß auf das Klima, auf das Sonnenlichtspektrum und auf den Wärmehaushalt der Erde.

Stratosphäre: →Atmosphäre

Treibhauseffekt: Wärmespeicherung in den unteren Schichten der Atmosphäre. Der Treibhauseffekt entsteht durch die Absorption von Infrarotlicht, das von der Erdoberfläche zurückstrahlt. Dafür verantwortlich sind Spurengase, vor allem Kohlendioxid, aber auch andere Gase wie Ozon, FCKW, Wasserdampf oder Methan. Ohne natürlichem Treibhauseffekt wäre die Oberflächentemperatur der Erde bei −20 °C. Die Anreicherung der Atmosphäre mit Spurengasen, die durch menschliches Handeln erzeugt werden, erhöht den Treibhauseffekt, so daß für die kommenden Jahrzehnte mit einem Steigen der Durchschnittstemperatur der Erde um drei bis fünf Grad Celsius gerechnet werden muß. Die Folgen sind Klimaverschiebungen und Änderungen der Vegetationszonen sowie vermehrtes Auftreten von extremen Wettersituationen und Katastrophen. Auch der Meeresspiegel wird ansteigen. Die einzelnen Folgen des verstärkten

Treibhauseffektes lassen sich wegen der vielfältigen Auswirkungen derzeit nur unzureichend vorausberechnen.

Treibhauspotential (GWP, global warming potential): Index für das Wärmerückhaltevermögen eines Spurengases im Vergleich zu Kohlendioxid.

Tropopause: Grenzschicht zwischen Troposphäre und Stratosphäre.

Troposphäre: →Atmosphäre

Ultraviolettstrahlung: Strahlung bis zu 400 nm. UV-C-Strahlung 200 – 280 nm, UV-B-Strahlung 280 – 320 nm, UV-A-Strahlung 320 – 400 nm.

VOC: →Flüchtige organische Verbindungen.

Vortex: Den Pol umkreisender Luftwirbel mit hoher Geschwindigkeit an den Rändern. Entsteht während des polaren Winters. Über dem Südpol reicht der Vortex bis zum 60sten Breitengrad. Über dem Nordpol ist der Vortex nicht so prägnant ausgebildet. Die hohen Windgeschwindigkeiten verhindern das Eindringen wärmerer Luftmassen, so daß die Temperatur auf die kritische Schwelle von etwa – 80 °C sinkt. Diese Temperatur ist für die Bildung von stratosphärischen Wolken notwendig, die wiederum bei Vorhandensein von Chlorverbindungen einen rasanten Ozonabbau hervorrufen →Ozonloch.

Weichschaum: Schaum mit offenen Poren, das Treibmittel entweicht kurze Zeit nach der Herstellung.

Wiener Abkommen: Internationale Konferenz in Wien im Jahre 1985 zum Schutz der Ozonschicht. Keine konkreten Maßnahmen, jedoch Rahmenvertrag, der die späteren Protokolle von Montreal und London legitimiert.

Literatur

Bundesamt für Umwelt, Wald und Landschaft (BUWAL) (Hg.): Ozon in der Schweiz, Bern, Februar 1989.

UNEP: United Nations Environment Programme, Synthesis of the reports of the ozone scientific assessment panel, environmental effects assessment panel, technology and economic panel, Genf, November 1991 und April 1992.

UNEP: Report of the second meeting of the parties to the montreal protocol on substances that deplete the ozone layer, London, 27.—29. June 1990.

Institut für Europäische Umweltpolitik e. V.: Regulations for the protection of the ozone layer in industrialised countries, Bearb. R. Andreas Kraemer, Anja Köhne, Bonn, Februar 1992.

Schauder, Silvia: Göttinger Liste, Lichtfilterhaltige Hautpflegepräparate in Deutschland, Ausgabe 1991, Berliner Medizinische Verlagsanstalt, Berlin 1991.

Enquete-Kommission: Schutz der Erdatmosphäre: Eine internationale Herausforderung; Zwischenbericht der Enquete-Kommission des 11. Deutschen Bundestages „Vorsorge zum Schutz der Erdatmosphäre" mit Plenardebatte am 9. März 1989 und dem Beschluß der Bundesregierung zur FCKW-Halon-Verbots-Verordnung vom 30. Mai 1990. — 3. erw. Aufl. — Bonn: Economica Verl.; Karlsruhe: Müller, 1990.

Mégie, Gérard: Ozon, Atmosphäre aus dem Gleichgewicht, Springer-Verlag, Berlin — Heidelberg 1991.

Bundesministerium für Umwelt, Jugend und Familie (Hg.): Photooxidantien in der Atmosphäre, Luftqualitätskriterien Ozon, Österreichische Akademie der Wissenschaften, Wien 1989.

Umweltbundesamt (Hg.): Verzicht aus Verantwortung, Maßnahmen zur Rettung der Ozonschicht, Bericht 7/89. Erich Schmidt Verlag, Berlin 1989.

Krapfenbauer, Anton: Ozon, seine Auswirkungen, einschließlich Glashauseffekt, Wien 1990.

Krapfenbauer, Anton, et al.: Luftverschmutzung, Photooxidantien, welche Hoffnung bleibt?, 2. Aufl., Wien 1990.

Krapfenbauer, Anton: Ozonzerstörung und UV-B-Strahlung, Fakten und Perspektiven, Wien 1992.

Krapfenbauer, Anton und Gasch, Josef: Vertikale Verteilung von Ozon in Waldbeständen. In: Centralblatt für das gesamte Forstwesen, 108. Jg. (1991), Heft 1/2, S. 93—106.

Adreßliste für nähere Informationen

Österreich:

Global 2000
Hahngasse 15/14
1090 Wien
Tel.: 0222/310 40 77
Fax: 0222/310 50 23

Greenpeace Österreich
Auenbruggergasse 2
1030 Wien
Tel.: 0222/713 00 31
Fax: 0222/713 00 30

Club of OZONE
Pötzleinsdorfer Straße 18
1180 Wien
Tel.: 0222/470 63 20
Fax: 0222/470 96 60

Schweiz:

Schweizer Gesellschaft für Umweltschutz (SGU)
Postfach
8032 Zürich
Tel.: 01/251 28 26
Fax: 01/251 29 41

Bundesamt für Umwelt, Wald und Landschaft (Buwal)
Hallwylstraße 4
3003 Bern
Tel.: 031/61 93 11
Fax: 031/61 99 81

Greenpeace Schweiz
Müllerstraße 37
Postfach 276
8026 Zürich
Tel.: 01/241 34 41
Fax: 01/241 38 21

Deutschland:
Bund für Umwelt und Naturschutz (BUND)
Rheingarten 7
5300 Bonn 3
Tel.: 0228/400 970
Fax: 0228/400 97 40

Greenpeace Deutschland
Vorsetzen 53
2000 Hamburg 11
Tel.: 040/311 86 300
Fax: 040/37 29 65

Stichwortverzeichnis

Abbaupotential 51
Absorption 183
Absorptionsbande 76
Absorptionsfähigkeit 27
Absorptions-Kältemaschine 68
Absorptionsmittel 68
Acetaldehyd 144
Aerosole 64, 74, 107 f., 121 f., 124, 183
Aerosolindustrie 126
Albert-Levy 32
Aldehyde 144
Allergien 177
allergische Reaktionen 175, 177
Altern der Haut 175
Ammoniak 68
Antarktis 112
antarktische Stratosphäre 90
antarktisches Ozonloch 84, 112
Arktis 85, 112
Asthma 156
Atemschwierigkeiten 156
Atmosphäre 17, 183
Atmungssystem 155
Atom 41
atomarer Sauerstoff 47
Aufenthalt in ozonbelasteter Luft 180
Austauschprozesse 28, 30
Australien 11

Basalzellkarzinom 97, 175, 183
Belastungsräume 145
Bindungsenergie 44, 47
biologische Wirksamkeit 96
Biomasse 100
Blockschaum 66
bodennahes Ozon 141 ff.
bodennahes Ozon, Schäden 154 ff.
Breitbandfilter 177
Brom 51, 117
Bromfamilie 51
Bundesrepublik Deutschland 121, 153, 164
Burntime 11
Bürogeräte 145
Butan 64, 144, 170

Chapman-Zyklus 42
chemischer Lichtschutz 177
Chemischreinigung 65
Chlor 49, 56
Chlordepot 73
Chlorfamilie 49
Chlorgehalt der Stratosphäre 113
Chlorkohlenwasserstoffe 70 f.
Chlormonoxid-Radikale 49, 87, 90
Chlornitrat 50, 74
Chlorosen 159
Chlorvorrat 50
CKW 71

Dämmstoffe 171
Deckpigmente 177
Deposition 183
Depotbildung 87, 186
Dimethylether 64, 170
Distickstoffoxid 49, 73
Dobson-Units 39 f., 183
Dreiweg-Katalysator 161
Druckluft 64
Durchdringungsvermögen 172 f.

Einfluß des Menschen 31
El-Niño Ereignisse 78
Elektronikindustrie 65
Enquete-Kommission 184
Entsorgung 64, 69, 171
Entwicklungsländer 105, 108
Epithelzellkarzinom 97, 175, 183
Erdatmosphäre 17
Ethan 63
Europäer 107
Europäische Gemeinschaft 107, 119
expandierter Polystyrolschaum 67
Explosionsgefahr 104
extrudierter Polystyrolschaum 67

Fanfaren 72, 170
FCKW R 11 65, 83
FCKW R 113 83
FCKW R 12 83
FCKW 56, 107 f., 110, 184
FCKW, Ausstieg 119, 122
FCKW, Eigenschaften 56
FCKW, Herstellung 63
FCKW, Kurzschreibweise 61
FCKW, Problemstoffe 70
FCKW, Produzenten 59
FCKW, teilhalogenierte 63, 111
FCKW, Verbot 123

FCKW, vollhalogenierte 63, 123
Feuerlöschbereich 72, 123, 126
Feuerlöscher 122, 174
feuerpolizeiliche Vorschriften 104
FKW 66, 70
flüchtige organische Verbindungen
145, 179, 187
Fluoratome 51
Fluorchlorkohlenwasserstoffe 56, 159, 184
Fluorchlorkohlenwasserstoffe,
teilhalogenierte 53, 70
Fluorchlorkohlenwasserstoffe,
vollhalogenierte 53, 70
Fluorkohlenwasserstoffe 49, 66, 68, 70
Formschaum 66
fossile Ablagerung 29

Gasaustausch 23
Gefährdung 96
gemäßigte Zone 22
Gesamtozonmenge 39
gesetzliche Regelungen 161
Glashauseffekt 29
Grenzwerte 162
Grenzwertüberschreitungen 162
Grundwasser 172 ff.
GWP 187

H-FCKW 22 70, 83, 108, 116, 170
Halogenkohlenwasserstoffe 63
Halon-Bank-Management 72, 115, 117
Halone 51, 70 f., 108, 110, 123, 126
Halone, Ausstieg 119
Halone, Kurzschreibweise 63
Hartschaum 184
Hautkrebs 12, 97
Hautschäden 174
heterogene Chemie 74
homogene Chemie 84
Hungerzonen 79
Hydroperoxyl-Radikal 48
Hydroxyl-Radikal 48, 143

Immunsystem 99
infraroter Bereich 25, 75
Inversionswetterlage 148
isomere Verbindung 61

Kälteerzeugung 68
Kälteklammern 72
Kältemittel 67 f.
Katalysator 45, 48, 145, 184
katalytische Ozonabbaureaktionen 45 f.
katalytischer Prozeß 45
Katarakt 98
Kettenabbruchsreaktion 41
Kfz-Abgase 142
Klima 151
Klimafaktor 31
Klimaanlagen 172
Klimaschwankungen 78
klimawirksame Gase 159
Kohlendioxid 28, 64, 76, 80, 100, 159, 171
Kohlendioxid-Zyklus 28
Kohlenmonoxid 143
Kohlenstoff 29
Kohlenwasserstoffe 63, 143 f., 170
Kompressionsmaschinen 67
Konsequenzen aus den Szenarien 117
Kontinentalverteilung 86
Kopierapparate 145
Krebsentstehung 156, 175
Krebsvorstufen 97
Kreislauf der Chlorverbindungen 50
Kreisläufe 28
Kritik an Regelungen 164
Kronenbereich von Wäldern 146
Kühlschränke 69, 171
Kühltechnik 103, 121, 125
Kunstdünger 99
Kunststoffverschäumung 66

labile Gleichgewichte 28
Lachgas 49, 64, 73, 159
latente Schädigungen 158
Lichtfilter 177
Lichtschutzfaktor 178
Lithiumbromid 68
London-Protokoll 109, 114, 185
Lösemittel 65, 164, 122, 125
Luft 170 f.
Luftwirbel 91
Lungenfunktion 155

Makrophagen 155
maligne Melanome 98
marine Nahrungskette 100
Maßnahmen gegen Ozon 179 f.
Melanom 184
Mesosphäre 21
Meßstellen 146, 152, 161
Methan 63, 73, 79, 87, 143, 159
Methylbromid 117
mineralische Pigmente 177
Mitterndorfer Senke 173
molekularer Sauerstoff 26, 47
Molina 107
Montageschaum 67
Montreal-Protokoll 108, 186

Nairobi-Konferenz 111
Nanometer 25, 184
NASA-Meßdaten 84
NASA-Prognose 103
nasse Deposition 20
natürlicher Ozonkreislauf 42
Neuseeland 11
Nordpol 91
Nummerncode 60

ODP-Werte 52, 185
OH-Radikal 145
Ökobonus 179
Oktan 144
Ortsschäume 121
Österreich 122, 154
Oxidate-Projekt 151
oxidierbare Substanzen 143
Ozon als Schutzmantel 24
Ozon 185
Ozonabbau 90
Ozonalarmpläne 156
Ozonbelastung 151
Ozonbildung 43
Ozongesetz 161
Ozonkonzentrationen 156
Ozonloch 84, 112, 185
Ozonstreß 158
Ozonverteilung 40
Ozonzerstörung 44, 83, 92
Ozonzerstörungspotential 52, 185
Ozonzyklus 29

PAN 144
Perchlorethylen 65
Perlmutterwolken 87
Permafrostböden 79
Peroxiacetylnitrat 144
Peroxiverbindungen 144
Pestizide 117
Phosgen 104
photoautotrophe Organismen 100
photochemische Reaktionen 41, 148
Photolyse 51
photolytische Spaltung 41
Photooxidantien 145
Photosynthese 158
phototoxische Reaktionen 177
physikalischer Lichtschutz 177
Phytoplankton 100
Plankton 80, 100
Plattenepithelkarzinom 97, 175
polarer Vortex 85
Polystyrolschaum 66
ppb-Bereich 20, 185
ppm-Bereich 20, 185
ppt-Bereich 134, 185
Prognosen 111
Propan 64, 104, 144, 170
Pseudokrupp 156
Pufferwirkung der Ozeane 150
Pumpsysteme 64
PUR-Hartschaum 66
PUR-Weichschaum 66

Radikale 41, 144
radikalische Kettenreaktion 41
Ratschläge 167
Refrigerant 62
Reinigungsmechanismen 21
Reinigungsmittel 65, 122, 125
Reinluftgebiete 143, 145
relative Ozonwirksamkeit 52
Reservoir für Stickstoffdioxid 144
Reservoirstoffe 144, 186
Reservoirsubstanzen 87, 89
richtiger Umgang mit der Sonne 176
Ringströmung 23
Röntgenbestrahlung 156
Rowland 107

Salpetersäuretrihydrat 88
Salzsäure 50, 73 f., 87
Schäden am Menschen 155
Schäden an der Vegetation 158
Schäden durch Sonneneinwirkung 175
Schäume 121
Schaumstoffe 124, 175
Schneeblindheit 98
Schutz vor UV-Licht 174
Schwefelsäurepartikel 88
Schweiz 124, 153, 164
Senke 21, 50, 87
sichtbarer Bereich 25
Sommersmog 148
Sonnenallergie 174
Sonnenbrand 174
Sonneneinstrahlung 45
Sonnenschutzcreme 169
Sonnenspektrum 26
Spraydosen 64, 107, 121, 170
Spurengase 17, 31, 75, 186
Standpunkt der Industrie 126
Staub 74
Stickoxide 49, 73, 141 f., 179
Stickstoff 64
Stickstoffamilie 49
Stickstoffdioxid 50, 87, 142 f.

Stickstoffmonoxid-Radikal 49, 142 f.
Stickstoffversorgung 99
Stoßpartner 41
Straßenverkehr 179
Stratopause 21, 92
Stratosphäre 21, 51, 186
Stratosphärentemperatur 92
Stratosphärenwolken 90
stratosphärische Photochemie
40 f., 42 f., 45 f.
stratosphärisches Fenster 88
stratosphärisches Ozon 30
Südpol 91
südpolarer Wirbel 86
Szenarien zur Verminderung von
Chloremissionen 114

Temperatur und Ozongehalt 143, 148
Temperaturerhöhung 75
Tempolimit 179
Tetrachlorkohlenstoff 110, 172
thermische Struktur 20
Titanoxid 177
Toronto-Gruppe 107
Treibhauseffekt 29, 73, 160, 186
Treibhauseffekt, künstlicher 76
Treibhauseffekt, natürlicher 75 f.
Treibhausgas 49
Treibhauspotential 77, 186
Trichlorethylen 172
trockene Deposition 21, 148, 158
Tropopause 21, 187
Troposphäre 20, 141, 187
troposphärische Photochemie 142 f.
troposphärisches Ozon 30, 139 ff.

Ultraviolettstrahlung 95
Umweltprogramm der Vereinten
Nationen 111

UNEP 111, 189
ungerade Sauerstoffverbindungen 48
UNO-Umweltkonferenz in Rio 82
USA 107
UV-A-Filter 177
UV-A-Strahlung 25, 96
UV-B-Filter 177
UV-B-Licht 97
UV-B-Strahlung 25, 95
UV-C-Strahlung 25, 95
UV-Licht 96
UV-Licht-Messung 96
UV-Strahlung 25, 92
UV-Strahlung, Schäden 95 ff.

Verbotstermine Österreich 123, 161
Verdichter-Kältemaschine 68
Verfrachtung ozonschädigender
Substanzen 22
Verweildauer 51
VOC 145, 179, 187
Vorläufersubstanz 46, 143, 179
Vortex 85, 187

Wald 79, 158 f.
Wärmestrahlung 28, 75
Wasserdampf 76
Wasserstoff-Radikal 48
Wasserstoffamilie 48
Wasserstoffperoxyl-Radikal 48, 144
Weichschaum 187
Wetterbedingungen 148
Wien-Abkommen 108, 187
Wolken 76, 87, 91

Zerstörungspotentiale 52
Zooplankton 100
Zwei-Komponenten-Schaum 67
Zyklon 22

Bildquellenverzeichnis

Grafiken:
S. 19, S. 23: pro & co, Wien
S. 22, S. 40, S. 50 aus: Gérard Mégie, „Ozon, Atmosphäre aus dem Gleichgewicht“, Springer Verlag, Berlin — Heidelberg, 1991
S. 26, S. 43, S. 44, S. 47, S. 57, S. 58, S. 76, S. 112: Peter Olschinsky, Wien
S. 62, S. 74, S. 75, S. 85 aus: Umweltbundesamt (Hg.), „Verzicht aus Verantwortung, Maßnahmen zur Rettung der Ozonschicht, Bericht 7/89“, Erich Schmidt Verlag, Berlin 1989
S. 89 aus: Krapfenbauer, Anton, „Ozonzerstörung und UV-B-Strahlung, Fakten und Perspektiven“, Wien 1992
S. 90 aus: Owen B. Toon und Richard P. Turco, „Polare Stratosphärenwolken und Ozonloch“, in: Spektrum der Wissenschaft August 1991
© Spektrum der Wissenschaft
S. 93 aus: Krapfenbauer, Anton, „Ozon, seine Auswirkungen, einschließlich Glashauseffekt“, Wien 1990
S. 143, S. 146 aus: Krapfenbauer, Anton und Gasch, Josef, „Vertikale Verteilung von Ozon in Waldbeständen“, in: Centralblatt für das gesamte Forstwesen, 108. Jg. (1991), Heft 1/2, S. 93—106
S. 147, S. 149 (unten) aus: Bundesamt für Umwelt, Wald und Landschaft (Hg.), „Ozon in der Schweiz“, Bern, Februar 1989
S. 149 (oben) aus: Krapfenbauer, Anton, et al., „Luftverschmutzung, Photooxidantien, welche Hoffnung bleibt?“, 2. Auflage, Wien 1990
S. 150, S. 153 aus: Bundesministerium für Umwelt, Jugend und Familie (Hg.), „Photooxidantien in der Atmosphäre, Luftqualitätskriterien Ozon“, Österreichische Akademie der Wissenschaften, Wien 1989
S. 175: Zeichnung von A. Riehl, Medizin Heute 5/1992

Fotos:
S. 129 aus: Gérard Mégie (siehe Grafiken)
S. 130, S. 131 (oben): Rainer Hofmann, Wien
S. 131 (unten), S. 133 (unten), S. 134 (unten): Martin Weishäupl, Wien
S. 132: Dr. Pehamberger, I. Hautklinik, AKH Wien
S. 133 (oben), S. 134 (Mitte), S. 135: Elis Thiel, Wien
S. 134 (oben): Dr. Herbert Tiefenbacher
S. 136: Gerhard Haderer

Gentechnik –
Allheilmittel oder Bedrohung?

Wolfgang Hingst
Zeitbombe Gentechnik
Ein Bericht über die „Umschöpfung“ der Natur und die Träume vom Sieg über Krebs und Aids, über Chimären aus Affe und Mensch, über Neuzüchtungen und gentechnologische Waffen.
256 Seiten, Grafiken,
Format 16 x 24 cm.
ISBN 3-7015-0138-6

Orac